视频编辑与处理
实例教程
——Premiere Pro 2020

孙立新 郝志强 朱小英　　　主　编
卜令珍 王佐兵 张桂霞 张晔　副主编

清华大学出版社
北京

内 容 简 介

本书采用 OBE 教学理念，每个实例均以成果为目标导向，以学生为本，采用逆向思维进行编写。本书以"实例引领"的形式，通过讲解案例的制作过程，将软件功能和实际应用相结合，培养读者使用 Premiere Pro 2020 对视频作品进行剪辑及设计创作的技能。

本书包括初识 Premiere Pro 2020、文件的导入和导出、视频编辑基础、字幕技术、视频过渡效果、关键帧动画、视频特效、键控与合成、音频和综合实例 10 章。在实例选取中贴近日常工作生活，注重知识的实用性，强调实际应用。

本书既可作为高等院校多媒体专业、计算机应用专业必修课教材或其他非计算机类专业信息技术通识课程教材，也可作为音视频编辑岗位培训教材或参考书，还可为音视频编辑爱好者提供帮助。

图书在版编目（CIP）数据

视频编辑与处理实例教程：Premiere Pro 2020/ 孙立新，郝志强，朱小英主编 . —北京：清华大学出版社，2023.2
（2025.2 重印）

ISBN 978-7-302-62451-6

Ⅰ.①视… Ⅱ.①孙… ②郝… ③朱… Ⅲ.①视频编辑软件 – 教材 Ⅳ.① TN94

中国国家版本馆 CIP 数据核字（2023）第 016983 号

责任编辑：聂军来
封面设计：刘　键
责任校对：李　梅
责任印制：丛怀宇

出版发行：清华大学出版社
　　　　　网　　　址：https://www.tup.com.cn，https://www.wqxuetang.com
　　　　　地　　　址：北京清华大学学研大厦 A 座　　　　　　　　　邮　　编：100084
　　　　　社 总 机：010-83470000　　　　　　　　　　　　　　　邮　　购：010-62786544
　　　　　投稿与读者服务：010-62776969，c-service@tup.tsinghua.edu.cn
　　　　　质量反馈：010-62772015，zhiliang@tup.tsinghua.edu.cn
　　　　　课件下载：https://www.tup.com.con，010-83470410
印 装 者：三河市龙大印装有限公司
经　　销：全国新华书店
开　　本：210mm×285mm　　　　印　　张：11.75　　　字　　数：360 千字
版　　次：2023 年 3 月第 1 版　　　　　　　　　　　　印　　次：2025 年 2 月第 4 次印刷
定　　价：59.00 元

产品编号：099327-02

Premiere 是由 Adobe 公司开发的一款集视频采集、剪辑、过渡、特效、关键帧、字幕设计、音频编辑和影片合成等功能于一体的专业非线性视频编辑软件，被广泛应用于广告制作、游戏场景制作、电影剪辑、个人或单位视频制作等相关领域，是目前应用最广泛的影视编辑软件之一，因其强大的视频编辑处理功能而备受用户的青睐。

党的二十大报告提出，"教育、科技、人才是全面建设社会主义现代化国家的基础性、战略性的支撑""科技是第一生产力，人才是第一资源，创新是第一动力""教育是国之大计、党之大计""要坚持教育优先发展、科技自立自强、人才引领驱动，加快建设教育强国、科技强国、人才强国，坚持为党育人、为国育才，全面提高人才自主培养质量，着力造就拔尖创新人才，聚天下英才而用之"。

本书根据课程标准和初学者的认知规律，从实际应用角度出发，由浅入深地介绍 Premiere 的使用方法和技巧；采用 OBE 教学理念，每个实例均以成果为目标导向，以学生为本，采用逆向思维方式编写。通过讲解实例的制作过程，将软件功能和实际应用相结合，培养读者运用 Premiere Pro 2020 对视频进行剪辑及设计创作的技能，并将其运用在具体的生活、工作及学习中。

本书共 10 章，第 1 章介绍音视频编辑基础知识和 Premiere Pro 2020 入门知识，初步了解视频编辑制作的基本流程；第 2 章介绍 Premiere Pro 2020 文件的导入及导出；第 3 章介绍视频剪辑；第 4 章介绍字幕设计方法；第 5 章介绍视频过渡的应用；第 6 章介绍关键帧动画效果的相关知识；第 7 章介绍视频特效的基本知识和常用的特效；第 8 章介绍键控与合成；第 9 章介绍音频剪辑及音频特效和音频过渡、添加的相关知识；第 10 章为综合实例，通过对典型案例的详细分析和制作过程讲解，将软件功能和实际应用紧密结合，帮助读者掌握利用 Premiere Pro 2020 设计作品的能力。

本书教学以实际操作为主，建议教学学时为 64 课时，在一体化教室教学，边学边练或上机学时不少于 48 课时，教学中的学时安排参考表 0-1。

表0-1 学时安排

章节	教 学 内 容	学时
1	初识Premiere Pro 2020	4
2	文件的导入和导出	2
3	视频编辑基础	6
4	字幕技术	8
5	视频过渡效果	6
6	关键帧动画	6
7	视频特效	8
8	键控与合成	4
9	音频	4
10	综合实例	12
机 动		4
合 计		64

为提高学习效率和教学效果，随书提供实例配套素材文件，包括所有图片、视频、声音文件，供学习者免费下载使用。本书为新形态教材，在重点和难点处设置了二维码链接，学习者可通过扫描二维码随时获取视频讲解。

本书由烟台南山学院孙立新、郝志强、朱小英担任主编，烟台南山学院卜令珍、烟台南山学院王佐兵、山东协和学院张桂霞及南山铝业股份有限公司张晔担任副主编。在本书的编写过程中，作者参阅了很多资料并得到了烟台南山学院领导的大力支持，烟台南山学院的师生为本书提供了大量素材支持，在此表示诚挚的感谢。

由于编者水平有限，书中难免存在不妥之处，恳请广大读者批评指正。

编　者

2022 年 11 月

目 录

初识Premiere Pro 2020

Adobe Premiere Pro 是一款非线性视频编辑软件，它能对视频和音频进行实时编辑，操作简单，功能强大，深受广大视频爱好者的青睐。本章主要介绍 Premiere Pro 2020 的基本知识和基本操作、制作视频的简单流程以及构成视频的基本要素，使读者对视频制作有一个初步认识。本章所需素材如二维码 1-1 所示。

学习目标

二维码 1-1
第 1 章素材

❖ 了解 Premiere Pro 2020 的工作界面和常用功能面板。
❖ 掌握 Premiere Pro 2020 的相关术语和常用格式。
❖ 了解视频制作的基本流程及基本构成要素。
❖ 掌握 Premiere Pro 2020 的基本编辑操作。

思政元素

❖ 培养学生分析理解整体与部分的辩证关系的能力。
❖ 培养学生统筹兼顾、把握全局、协调部分的能力。

课程思政

"不谋万世者，不足谋一时；不谋全局者，不足谋一域"出自《窑言二·迁都建藩议》。这句话指的是整体决定部分，所以办事情要从整体着眼，寻求最优目标。

1.1 音视频编辑概述

1.1.1 视频编辑中的常用术语

（1）视频（Video）：连续的图像以每秒 24 帧（Frame）以上的速度呈现时，根据人眼的视觉暂留原理，看上去就是平滑连续的动态效果，这样连续的画面称作视频。

（2）帧：视频中最小单位的单幅影像画面。

（3）帧速率（帧 / 秒）：每秒包含的帧数或播放的帧数。

（4）关键帧（Key Frame）：指角色或者物体运动或变化中的关键动作所处的那一帧。关键帧与关键帧之间的动画由软件来创建，称为过渡帧或中间帧。

（5）视频过渡：也称视频转场，主要用于素材与素材之间的画面切换，一般加在两段素材之间，使画面切换在视觉和逻辑上更加舒适和连贯，同时增强画面感。

（6）渲染：应用视频过渡效果或者视频效果后，对每帧的图像进行重新优化的过程，渲染后编辑会更流畅。

（7）时间码（Time Code）：在视频编辑中，用时间码识别和记录视频中的每一帧，用小时、分钟、秒和帧数表示，中间以冒号分隔。其格式为小时：分钟：秒：帧数。

1.1.2 常用的音视频格式和图像格式

在使用编辑软件 Premiere Pro 2020 进行视频编辑前，首先要收集各种素材，而编辑后要导出各种类型的文件，因此要对文件格式有所了解。接下来介绍 Premiere Pro 2020 所支持的文件格式。

1. 视频格式

（1）AVI 格式：Audio Video Interleaved 的缩写，即音频视频交错格式，是微软公司为 Windows 环境设计的数字视频文件格式，包括 AVI 格式和 AVI（未压缩）格式。其优点是兼容性好，图像质量高，缺点是占用内存大。

（2）MPEG 格式：Moving Picture Experts Group 的缩写，即动态图像专家组。MPEG 格式将声音和影像的记录脱离了传统的模拟方式，建立了 ISO/IEC11172（ISO 是 International Standardization Organization 的缩写，为国际标准化组织；IEC 是 International Electrotechnical Commission 的缩写，为国际电工委员会）压缩编码标准，并制定出 MPEG- 格式，令视听传播进入了数码化时代。MPEG 标准主要有 MPEG-1、MPEG-2、MPEG-4、MPEG-7 及 MPEG-21 五个。现时泛指的 MPEG-X 版本，就是由 ISO 所制订而发布的视频、音频、数据的压缩标准。其特点是压缩比高，占用内存小，图像质量好。

（3）MOV 格式：即 QuickTime 影片格式，它是 Apple 公司开发的一种音频、视频文件格式，用于存储常用数字媒体类型。MOV 格式具有跨平台、占用内存小等特点，属于有损压缩文件，画面效果比 AVI 格式稍好一些。

（4）H.264 格式：继 MPEG-4 之后的新一代数字视频压缩格式，具有高压缩比的同时还拥有高质量流畅图像的特点。

（5）WMV 格式：即 Windows Media Video，是微软公司 Windows 媒体视频格式。同等视频质量下，WMV 格式的体积非常小，适合在网络播放和传输。

2. 音频格式

（1）WAV 格式：也称波形音频，是微软公司开发的一种声音文件格式。它是最早的数字音频格式，几乎所有的音频编辑软件都能识别。常见的 WAV 文件使用 PCM 无压缩编码，因此 WAV 文件的品质极高，但缺点是文件占用空间太大。

（2）MP3 格式：是利用 MPEG Audio Layer 3 的一种音频压缩技术，大幅度地降低了音频数据量，而且重放的音质与最初的不压缩音频相比没有明显下降，是目前流行的音频格式。

（3）WMA 格式：微软音频格式，是微软公司推出的与 MP3 格式齐名的一种新型音频格式。即使在较低的采样频率下也能产生较高的音质。一般使用 Windows Media Audio 编码格式的文件以 WMA 作为扩展名。

3. 图像格式

（1）GIF 格式：GIF 是 Graphics Interchange Format 的缩写，即图形交换格式，它是一种比较常用的动态图像格式。GIF 分为静态 GIF 和动画 GIF 两种。其优点是压缩比高，磁盘空间占用较少，缺点是不支持 24bit 彩色模式，最多存储 256 色。

（2）JPEG 格式：JPEG 是 Joint Photographic Experts Group 的缩写，是常用的一种图像格式，它用有损压缩方式去除冗余的图像和色彩数据，在获得极高的压缩率的同时，能展现十分丰富生动的图像。换句话说，就是可以用最少的磁盘空间得到较好的图像质量。

（3）PNG 格式：PNG 是 Portable Network Graphics 的缩写，是一种无损压缩的位图格式，试图代替 GIF（Graphics Interchange Format）和 TIFF（Tagged Image File Format）文件格式，同时增加一些 GIF 文件格式所不具备的特性。

（4）BMP 格式：即 Bitmap 位图，是 Windows 操作系统中的标准图像文件格式，支持多种 Windows 应用程序。其特点是包含的图像信息较丰富，几乎不进行压缩，缺点是占用磁盘空间过大。因此，在单机上比较流行。

1.1.3 视频制作基本流程

制作一个视频，首先要收集相关素材，所选素材应围绕整个视频的主题，其次利用 Premiere Pro 2020 软件来组合制作。打开 Premiere Pro 2020 软件后，首先应建立一个项目来管理和协调制作视频所需的相关内容，其次将素材导入"项目"面板中，通过建立序列来制作具体视频，可包括素材的剪辑和处理、字幕的添加和设置、音频的添加和设置等，最后把制作好的视频导出为所需要的文件格式，同时保存项目，方便以后对视频再次编辑。因此，制作视频的流程如图 1-1 所示。

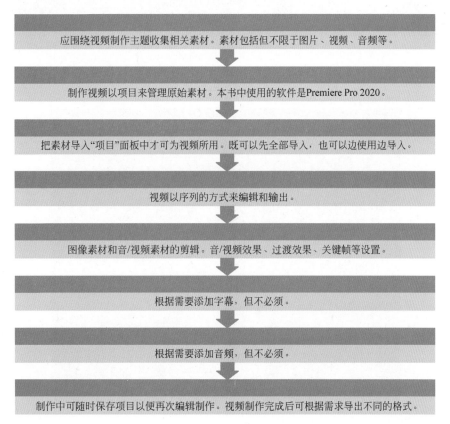

图 1-1 视频制作流程

1.2 "风光赏析"视频制作

1.2.1 实例内容及操作步骤

运用 Premiere Pro 2020 完成"风光赏析"视频制作，效果如二维码 1-2 所示。

（1）新建项目。启动 Premiere Pro 2020 软件，弹出如图 1-2 所示的"主页"界面。在该界面中单击"新建项目"按钮，弹出"新建项目"对话框，在"名称"文本框中输入"风光赏析"，设置项目名称为"风光赏析"。单击"位置"后的"浏览"按钮，将项目保存至所需位置，如图 1-3 所示。单击"确定"按钮，即可新建一个名为"风光赏析"的空白项目。

二维码 1-2 "风光赏析"样张视频

图 1-2 "主页"界面

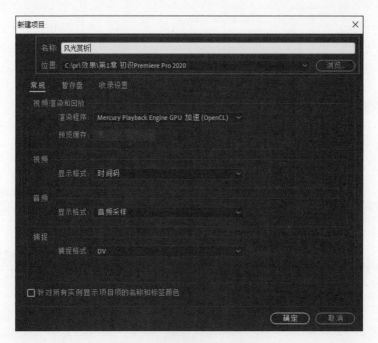

图 1-3 "新建项目"对话框

（2）导入素材。在"项目"面板的空白处双击,打开"导入"对话框。选择素材文件夹中的所有素材,单击"打开"按钮,将所选素材导入"项目"面板中,如图1-4所示。

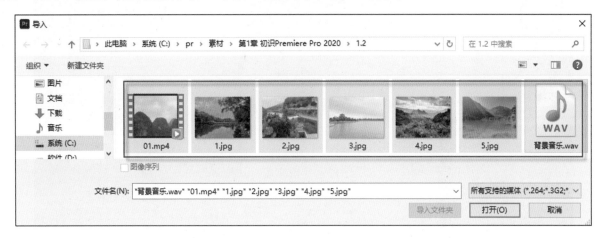

图1-4 "导入"对话框

（3）新建序列。Premiere Pro 2020中需要单独新建序列文件,单击"项目"面板右下角的"新建项"按钮,选择"序列"命令,如图1-5所示。打开"新建序列"对话框,依次选择"序列预设→DV-PAL→标准48kHz"选项,在"序列名称"文本框中输入"风光赏析",单击"确定"按钮,即可在"时间轴"面板上新建"风光赏析"序列,如图1-6所示。

图1-5 选择"序列"命令

图1-6 "新建序列"对话框

（4）编辑图片素材。在"项目"面板中双击1.jpg素材,可在"源"面板中显示该素材。在"项目"面板中将该素材拖至"时间轴"面板V1视频轨道的初始位置,即可将素材添加到序列中。将时间指针定位在素材上,"节目"面板中会显示该素材内容,图片素材默认长度为5秒,如图1-7所示。

利用相同方法,依次将图像素材2.jpg至5.jpg拖至"时间轴"面板的V1轨道素材之后。

（5）编辑视频素材。将"项目"面板中"01.mp4"拖至"时间轴"面板V1视频轨道"5.jpg"之后。

（6）视频剪辑。在"时间轴"面板中V1视频轨道上选中"01.mp4",视频本身长度是"00:00:05:24",如只需要其前5秒内容,在"播放指示器位置"处输入"30.",按Enter键,将时间指针定位至"00:00:30:00"位置。将"01.mp4"视频的结束标志拖至时间指针处,如图1-8所示。

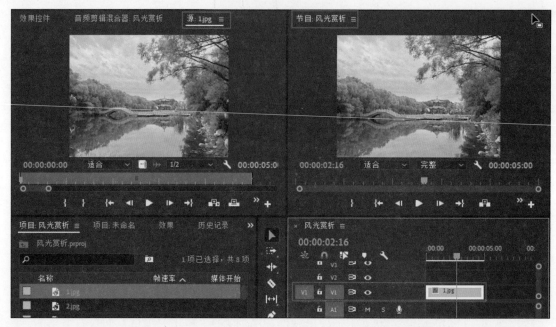

图1-7 在"源"和"节目"面板中显示图像素材

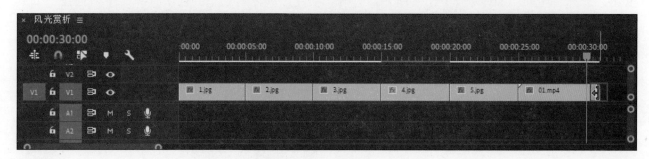

图1-8 视频剪辑设置

（7）设置视频过渡效果。在"效果"面板中单击"视频过渡"前的"→"，展开并显示下方的各个视频过渡组，选择"内滑→中心拆分"过渡效果，将其拖至"时间轴"面板中"1.jpg"和"2.jpg"之间，即可插入"中心拆分"过渡效果，如图1-9所示。利用相同的方法为其他素材之间添加不同的视频过渡效果。

图1-9 视频过渡效果设置

（8）设置视频效果。在"效果"面板中选择"视频效果→生成→镜头光晕"效果，将其直接拖至"4.jpg"素材之上，即可为该素材添加"镜头光晕"效果，如图1-10所示。

（9）新建字幕。在"工具"面板单击"文字工具"按钮 T，将时间指针定位至初始位置，在"节目"面板适当位置处单击，在出现的文本框中输入文字"风光赏析"，切换至"工具"面板中的"选择工具"，选中"节目"面板上的文字"风光赏析"。在"效果控件"面板中设置字体大小100，仿粗体，字体颜色白色。

字幕效果如图 1-11 所示。

图 1-10 添加"镜头光晕"效果

图 1-11 新建字幕

（10）添加音频。将"时间轴"面板 A1 音频轨道声音删除，将"项目"面板中"背景音乐.wav"拖至"时间轴"面板 A1 音频轨道初始位置。

（11）保存项目并导出视频。制作过程中及完成制作后，均可按 Ctrl+S 快捷键保存项目文件。执行菜单栏中的"文件→导出→媒体"命令，弹出"导出设置"对话框，"格式"选择"AVI"，单击"输出名称"右侧文字，打开"另存为"对话框，指定存储路径并修改文件名称，勾选"导出视频""导出音频"和"使用最高渲染质量"复选框。参数设置完成后，单击"导出"按钮即可导出"风光赏析.avi"，如图 1-12 所示。

图 1-12　"导出设置"对话框

1.2.2　软件的界面与菜单介绍

Premiere Pro 2020 的软件界面及常用面板，如图 1-13 所示。

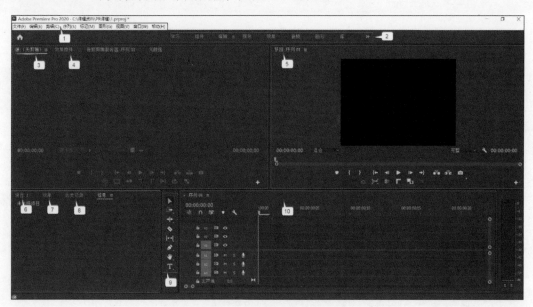

图 1-13　软件工作界面

1. 菜单栏

菜单栏如图 1-14 所示。

文件(F)　编辑(E)　剪辑(C)　序列(S)　标记(M)　图形(G)　视图(V)　窗口(W)　帮助(H)

图 1-14　菜单栏

1）"文件"菜单

"文件"菜单主要包括新建、打开、关闭、保存以及捕捉、导入、导出、退出等项目文件操作的基本命令，如图 1-15 所示。

（1）新建：为级联菜单，如图1-16所示，其子菜单中的部分命令说明如下。

图1-15 "文件"菜单

图1-16 "新建"级联菜单

- 项目：创建新的项目文件。
- 作品：创建新的作品文件，一个作品中可以有多个项目。
- 序列：为当前项目添加新的序列。
- 字幕：打开字幕编辑窗口创建字幕。
- **HD 彩条**：创建标准彩条图像文件。
- 黑场视频：添加黑色视频素材。
- 颜色遮罩：创建新的颜色遮罩。
- 通用倒计时片头：自动创建倒计时片头。
- 透明视频：创建一个透明的视频素材。通过为其添加特效来设置素材特效，从而确保其下方轨道的源素材不受特效影响。

（2）打开项目：打开"项目文件"对话框，设置项目路径和名称等参数。

（3）关闭项目：关闭当前操作的项目。

（4）保存：保存当前项目。

（5）另存为：将当前项目另存为一个新的项目。

（6）保存副本：复制当前项目，并保存成副本文件。

（7）还原：将当前编辑过的项目恢复到最后一次保存后的状态。

（8）捕捉：从外部设备如录像机中采集素材。

（9）导入：打开"导入"对话框，选择素材路径和名称。

（10）导入最近使用的文件：显示最近导入的文件，以供选择。

（11）导出：打开导出对话框，将文件输出为指定的文件类型。

（12）获取属性：获取文件的属性。

（13）退出：退出 Premiere Pro 2020 软件。

2）"编辑"菜单

"编辑"菜单主要是对素材进行撤销重做、复制粘贴、选择、查找等操作，以及首选项设置等，如图1-17所示。部分命令说明如下。

（1）撤销：撤回上一步操作。

（2）重做：取消撤销，回到撤销前的状态。

（3）剪切：将选择的内容暂存到剪切板中，原有内容删除。

（4）复制：将选择的内容暂存到剪切板中，原有内容还在。

（5）粘贴：将剪贴板内容粘贴到指定位置，原有内容被覆盖。

（6）粘贴插入：将剪贴板内容粘贴到指定位置，原有内容自动后移。

（7）粘贴属性：只复制素材的效果、透明度、运动等属性，应用到另一个素材。

（8）删除属性：清除所选素材中的效果、透明度、运动等属性，使素材回到原始状态。

（9）清除：删除所选素材，保留其空白间隙。

（10）波纹删除：删除所选素材，不保留其空白间隙，即后续素材自动前移。

（11）全选：选择当前项目的所有素材。

（12）取消全选：取消对所有素材的选择。

（13）查找：在项目中查找相应元素。

（14）移除未使用资源：将没有使用的素材从"项目"面板中删除。

（15）首选项：打开"首选项"对话框，根据不同的需求对软件进行个性化参数设置。

3）"剪辑"菜单

"剪辑"菜单中的命令主要是素材剪辑时常用的操作，如重命名、修改、插入、覆盖、速度 / 持续时间等，如图 1-18 所示。部分命令说明如下。

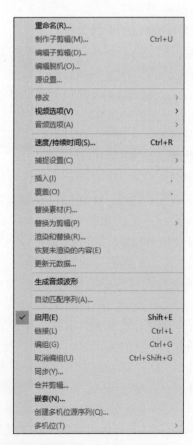

撤消(U)	Ctrl+Z
重做(R)	Ctrl+Shift+Z
剪切(T)	Ctrl+X
复制(Y)	Ctrl+C
粘贴(P)	Ctrl+V
粘贴插入(I)	Ctrl+Shift+V
粘贴属性(B)...	Ctrl+Alt+V
删除属性(R)...	
清除(E)	回格键
波纹删除(T)	Shift+删除
重复(C)	Ctrl+Shift+/
全选(A)	Ctrl+A
选择所有匹配项	
取消全选(D)	Ctrl+Shift+A
查找(F)...	Ctrl+F
查找下一个(N)	
标签(L)	>
移除未使用资源(R)	
合并重复项(C)	
生成媒体的主剪辑(G)	
重新关联主剪辑(R)...	
团队项目	>
编辑原始(O)	Ctrl+E
在 Adobe Audition 中编辑	>
在 Adobe Photoshop 中编辑(H)	
快捷键(K)	Ctrl+Alt+K
首选项(N)	>

图 1-17　"编辑"菜单　　　　　　　　　　　　　图 1-18　"剪辑"菜单

（1）重命名：对素材进行重命名，不会影响素材原来的名称，以便编辑时区分。

（2）制作子剪辑：提取序列中某个素材的片段作为子剪辑存放在"项目"面板中。

（3）编辑子剪辑：对子剪辑进行编辑，如改变入点和出点等属性。

（4）编辑脱机：在"项目"面板中选择脱机素材，对其进行注释，以便其他用户了解相关信息。

（5）源设置：打开某些特定类型素材的原始参数设置面板，对素材的原始参数进行查看和调整。

（6）修改：对"项目"面板中源素材的音频声道、解释素材、时间码等属性进行修改。

（7）视频选项：是级联菜单，可以设置帧定格、场选项、帧大小等。

（8）音频选项：可以对音频素材或带有音频的视频素材进行相应的设置，如"音频增益""拆分为单声道"和"提取音频"等。

（9）速度/持续时间：对素材的速度或时长及倒放进行调整。

（10）捕捉设置：设置素材捕捉的基本参数。

（11）插入：在"时间轴"面板中，将选择的素材插入当前视频轨道的时间指针处，插入位置原有的素材自动后移。

（12）覆盖：将选择的素材覆盖到当前视频轨道的时间指针处，原有素材将被覆盖，但原有素材的长度保持不变。

（13）替换素材：在"项目"面板中选择一个素材并执行该命令，会打开"替换"对话框，可以选择一个新的素材替换该素材，项目中所有使用的原素材都将替换成新素材。

（14）替换为剪辑：对视频轨道中所选剪辑过的素材进行替换，选择替换的来源。

（15）启用：激活"时间轴"面板中的素材状态，默认为启用。未启用的素材在"节目"面板中无法显示。

（16）链接：将独立的音频和视频素材链接到一起，取消链接则是把链接到一起的音视频素材分离。

（17）编组：在"时间轴"面板中选择多个素材，执行该命令，可以将所选中的素材组合在一起，相当于一个素材，添加的效果会同时应用到每一个素材上。

（18）取消编组：与取消链接相似，将编组的每个素材分离成单独的素材，编组时的应用效果不会取消。

（19）同步：将不在同一轨道上的两个素材选中，执行该命令，在打开的"同步素材"对话框中可以精确设置两个素材同步对齐。

（20）合并剪辑：选择不同视频素材和音频素材进行合并剪辑，可在"项目"面板中生成新的合并后的素材。

（21）嵌套：选中一个或多个素材进行嵌套，可以生成一个嵌套序列，并在"项目"面板中出现，双击该嵌套序列可以查看或编辑相关素材。

（22）创建多机位源序列：如果使用的是多机位拍摄的素材，可以同时选择相关素材创建多机位源序列，方便对各素材进行编辑。

（23）多机位：选择多机位源序列素材后启用该命令，可以选择该对象中显示的机位角度。如果选择拼合命令，则可以将多机位序列素材转换成普通素材进行编辑，并只显示当前机位角度。

4）"序列"菜单

"序列"菜单中的命令主要对项目中的序列进行相关操作，如图 1-19 所示。部分命令说明如下。

（1）序列设置：可打开"序列设置"对话框，查看或设置当前序列的基本属性。

（2）渲染入点到出点的效果：对"时间轴"面板中入点和出点范围内添加的视频效果和视频过渡进行渲染，每个视频效果和视频过渡都生成一个视频文件。

（3）渲染入点到出点：对整个"时间轴"面板中的所有素材进

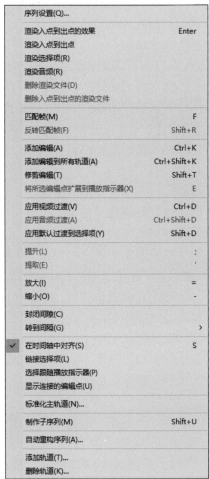

图 1-19 "序列"菜单

行渲染，生成单独的相对应的视频文件。

（4）渲染选择项：只渲染选中的素材。

（5）渲染音频：渲染当前序列中的音频内容，包括单独的音频素材和含有音频的视频素材，并生成对应的 CFA 文件和 PEK 文件。

（6）删除渲染文件：删除当前项目关联的所有渲染文件。

（7）删除入点到出点的渲染文件：删除执行渲染入点到出点的效果命令所生成的文件。

（8）匹配帧：选择序列中的素材，执行帧匹配，可在"源"面板中查看匹配"节目"面板窗口大小时的效果。

（9）添加编辑：相当于剃刀工具，可对选中的素材在时间指针处进行分割。

（10）添加编辑到所有轨道：对当前序列中时间指针处的所有轨道中的素材进行分割。

（11）修剪编辑：可以快速把当前序列中时间指针近处的素材的端点变成修剪状态，拖到修剪图标可以改变素材的持续时间。

（12）将所选编辑点扩展到播放指示器：应用修剪编辑时，执行此命令可以把"节目"面板切换为修剪监视状态，显示编辑点素材的调整变化。

（13）应用视频过渡：在当前序列中把时间指针移动到需要添加视频过渡的位置，执行此命令可以添加默认的视频过渡效果。

（14）应用音频过渡：在当前序列中把时间指针移动到需要添加音频过渡的位置，执行此命令可以添加默认的音频过渡效果。

（15）应用默认过渡到选择项：为选中的素材添加默认的过渡效果，该命令适用于音频和视频。

（16）提升：在"节目"面板中设置入点和出点后，执行此命令可以删除所有选中轨道中的入点到出点内的内容，删除的部分留空。

（17）提取：在"节目"面板中设置了入点和出点时，执行此命令可以删除所有选中轨道中的入点到出点内的内容，删除部分不留空白区域，后面的所有素材自动前移。

（18）放大或缩小：当前"序列"面板中的时间显示间隔放大或缩小，以便进行编辑。

（19）转到间隔：根据具体选择项可将当前时间指针定位到序列或轨道中的间隔位置，即两个素材衔接的位置。

（20）在时间轴中对齐：默认选中该状态，是指在移动或修剪素材时，该素材将自动对齐前面或后面的素材使其首尾相连，避免出现黑屏画面。

（21）标准化主轨道：设置当前序列中的主音频轨道为标准化音量，调整其序列中音频素材的音量大小。

（22）制作子序列：将选中的素材生成子序列。并在"项目"面板中显示，双击子序列可以查看并编辑相关素材。

（23）自动重构序列：此命令是 2020 版本中新增的功能，可以通过自动重构序列来将当前序列重新建立一个方形、纵向或 16∶9 电影屏幕的新序列。

（24）添加轨道：设置要添加的视频或音频的轨道数量和位置。

（25）删除轨道：设置删除选择的视频或音频轨道。

5）"标记"菜单

"标记"菜单中的命令主要用于设置序列的入点、出点及添加标记等操作，如图 1-20 所示，部分命令说明如下。

（1）标记入点／标记出点：将时间指针定位处设置为所选素材的入点或出点。

图 1-20 "标记"菜单

（2）标记剪辑：将序列中的当前时间指针处的素材的长度设置标记范围。

（3）标记选择项：将当前序列中选择的素材长度设置标记范围。

（4）转到入点 / 转到出点：将时间指针快速跳转到素材的标记入点或标记出点位置。

（5）清除入点 / 清除出点：清除当前序列中素材标记的入点或出点。

（6）清除入点和出点：同时清除当前序列中素材标记的入点和出点。

（7）添加标记：在当前时间指针所在位置上方添加一个标记。可快速定位时间指针，也用于在标记处添加注释信息。

（8）转到下一标记 / 转到上一标记：可将时间指针快速移动到下一标记或上一标记位置。

（9）清除所选标记：清除当前时间指针处的标记。

（10）清除所有标记：清除当前序列中的所有标记。

（11）编辑标记：选中某标记，执行该命令后在打开的对话框中设置该标记的名称、持续时间、注释等参数。

6）"图形"菜单

"图形"菜单主要用于新建图层，对素材字幕进行操作，如图 1-21 所示，部分命令说明如下。

（1）从 Adobe Fonts 添加字体：浏览字体并下载所需的字体。

（2）安装动态图形模板：可以选择 mogrt 格式的模板进行安装。

（3）新建图层：新建图层类型包括文本、直排文本、矩形、椭圆形、来自文件等。

（4）对齐：可以设置选择的图形的对齐方式。

（5）排列：可以设置选中的图形前移、后移、移到最前或移到最后等。

（6）选择：有多个图层或图形时，可选择上 / 下一个图层或上 / 下一个图形。

（7）升级为主图：单击即可将当前文本图层升级为图形。

7）"视图"菜单

"视图"菜单主要用于软件窗口的显示设置，包括分辨率、显示模式、标尺、参考线等，如图 1-22 所示。

图 1-21 "图形"菜单

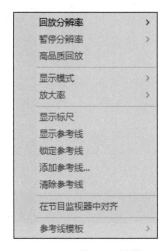

图 1-22 "视图"菜单

8）"窗口"菜单

"窗口"菜单主要用于设置切换当前工作区的布局以及显示或隐藏窗口和面板，如图 1-23 所示。

9）"帮助"菜单

"帮助"菜单可以打开软件的在线帮助系统，登录或更新相关程序，获得 Premiere Pro 的帮助，享受在线服务等，如图 1-24 所示。

图 1-23　"窗口"菜单

图 1-24　"帮助"菜单

2."预设"面板

"预设"面板中包含多种关于工作界面各个区域分布的预设，第一次打开软件后，看到的默认工作界面是"预设"面板中的学习模式，为了满足不同的工作需求，软件提供了多种"预设"面板，使用户更容易地进行特定任务。例如，编辑视频时，选择编辑模式；处理音频时，选择音频模式；校正颜色时，选择颜色模式。用户也可以根据自身需求，自定义预设面板。"预设"面板的模式虽多，但是每种模式都相通，只是工作界面的布局、侧重点不同。初期学习时，建议选择编辑模式，它是一种常用的"预设"面板，如图 1-25 所示。

图 1-25　"预设"面板

3."源监视器"面板

"源监视器"面板简称"源"面板，本书统称为"源"面板，主要用来播放、预览源素材。将"项目"面板中的素材直接拖动到该面板中，或者双击"项目"面板中的素材，都可以将所选素材显示在"源"面板中，音频素材以波状方式显示。同时可以利用面板中的按钮对源素材进行初步的编辑操作，如设置素材的出入点、覆盖、插入等，如图 1-26 所示。

4."效果控件"面板

"效果控件"面板显示选中的素材中应用的所有效果，可设置效果的具体参数。默认状态下，显示运动、不透明度、时间重映射三种基本属性。单击效果前面的"❯"可对展开和折叠效果中的具体参数进行设置，如图1-27所示。

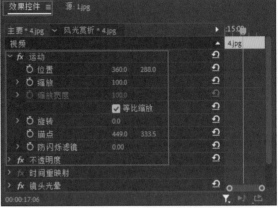

图1-26 "源"面板　　　　　　　　　　图1-27 "效果控件"面板

5."节目监视器"面板

"节目监视器"面板简称"节目"面板,本书统称为"节目"面板,主要是预览音视频编辑合成后的效果,也可对"时间轴"面板中正在编辑的素材进行实时预览,还可在面板中对素材进行大小和位置等相关设置,充分体现"所见即所得"的应用效果,如图1-28所示。该面板下方的按钮编辑器和"源"面板中的大部分相同。

6."项目"面板

"项目"面板主要用来管理当前项目中用到的各种素材。在 Premiere Pro 2020 中编辑视频,应先把视频所需要的素材导入"项目"面板中才能进行使用,如图1-29所示。

图1-28 "节目"面板　　　　　　　　　　图1-29 "项目"面板

（1）"在只读与读/写之间切换项目"按钮：可将"项目"面板变成只读项目,对项目的素材、序列等不能进行任何操作。

（2）"列表视图"按钮：以列表的方式显示"项目"面板中的素材。

（3）"图标视图"按钮：以图标的方式显示"项目"面板中的素材。

（4）"自由变换视图"按钮：将当前显示方式切换成自由变换视图方式显示素材。

（5）"调整图标和缩览图的大小"按钮：拖动滑块可以调整显示比例。

（6）"排序图标"按钮：在排序图标视图中可以选择所需类型对素材进行排序。

（7）"自动匹配序列"按钮：可将选中的素材自动添加到当前序列中的时间指针处。

（8）"查找"按钮：可以按照条件查找所需素材。

（9）"新建素材箱"按钮：可以分类存放各种素材，便于管理。

（10）"新建项"按钮：可弹出新建项菜单，选择新建类型如序列、字幕、倒计时等，进行设置后即可在"项目"面板中显示。

（11）"消除（回格键）"按钮：可以删除所选中的素材或者项目。

7."效果"面板

"效果"面板中包含了预设、Lumetri 预设、音频效果、音频过渡、视频效果和视频过渡 6 个文件夹，如图 1-30 所示。单击面板下方的"新建自定义素材箱"按钮，可以新建文件夹，可将常用的特效放置在新建文件夹中，便于在制作时使用。直接在"效果"面板上方的查找框中输入特效名称，按 Enter 键，可以快速找到所需要的效果。

8."历史记录"面板

"历史记录"面板是编辑视频时常用的面板，主要记录从建立项目以来进行的所有操作步骤。如执行了错误的操作，或需返回到多个操作前的状态，可单击"历史记录"面板中相应操作名称记录，返回到错误操作或多个操作之前的编辑状态，既可以撤回也可以重做。如删除操作记录将无法撤回或重做，如图 1-31 所示。

图 1-30　"效果"面板

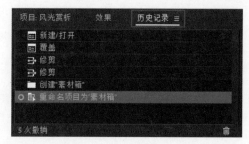

图 1-31　"历史记录"面板

9."工具"面板

"工具"面板包含素材编辑时的常用工具，具体应用时，只需在"工具"面板单击指定工具即可，如图 1-32 所示。

10."时间轴"面板

"时间轴"面板也称"序列"面板，由视频轨道和音频轨道构成，是完成编辑素材、组合素材的工作区域。"时间轴"面板的上方是播放指示器位置和时间显示区，下方是视频和音频轨道编辑区。通过"时间轴"面板可以对轨道中的素材进行剪辑、组合、视频过渡、视频特效、音频特效以及关键帧的设置。素材按照播放的时间先后顺序以及合成的前后顺序在时间轴上从左到右、由上到下排列在各自的轨道上，如图 1-33 所示。

图 1-32　"工具"面板

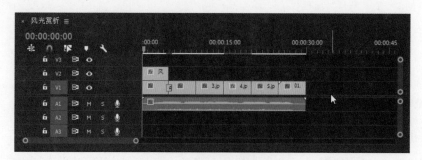

图 1-33　"时间轴"面板

（1）"切换轨道锁定"按钮 🔒：设置轨道锁定，显示为 🔒 说明轨道被锁定，将不能进行任何编辑操作。再次单击此按钮，显示为 🔓 说明解除锁定，可正常进行编辑。

（2）"切换轨道输出"按钮 👁：设置轨道的显示属性，显示为 👁 说明轨道上的素材可以正常显示，显示为 👁 说明轨道上的素材为隐藏不显示。

1.2.3 文件基本操作

1. 新建项目

方法 1：在"主页"界面中，单击"新建项目"按钮，弹出"新建项目"对话框，在"名称"文本框中可以为当前项目命名。在"位置"文本框中可以指定项目的保存路径，可通过"浏览"按钮修改路径。除此之外，还包括"常规""暂存盘"和"收录设置"三个选项卡。其中，"常规"选项卡可以对项目的视频、采集、音频、视频渲染与回放等选项进行设置；"暂存盘"选项卡中的选项是各个素材和文件的暂存位置，可以保持默认设置，单击"确定"按钮，即可新建一个项目文件。"收录设置"选项卡一般不常用，不再赘述。

方法 2：执行菜单栏"文件→新建→项目"命令。

方法 3：按 Ctrl+Alt+N 快捷键。

2. 打开项目

方法 1：在"主页"界面中，"最近使用项"中显示的是最近打开过的项目，可以单击某个项目即可打开选中的项目。也可以单击"打开项目"按钮，在"打开项目"对话框中可以选择需要打开的项目。

方法 2：执行菜单栏"文件→打开项目"命令。

方法 3：按 Ctrl+O 快捷键。

3. 新建序列

在 Premiere Pro 2020 中需要单独建立序列文件，以下方法都可打开"新建序列"对话框新建序列。

方法 1：执行菜单栏"文件→新建→序列"命令。

方法 2：在"项目"面板空白处右击，在弹出的快捷菜单中选择"新建项目→序列"命令，或在"项目"面板的右下角单击"新建项"按钮选择"序列"命令。

方法 3：在"项目"面板中选中素材，直接拖放在"时间轴"面板中，也可建立一个以素材为名的序列，其序列的相关参数默认与素材相同。

方法 4：按 Ctrl+N 快捷键。

"新建序列"对话框包括四个选项卡："序列预设""设置""轨道"和"VR 视频"，如图 1-34 所示。

（1）"序列预设"选项卡：根据需要选择预设选项，界面右侧"预设描述"为所选预设的描述信息。

（2）"设置"选项卡：主要对视频模式、视频、音频、视频预览等参数进行设置。

（3）"轨道"选项卡：主要对音 / 视频轨道数量、音频声道和品质等进行设置。

（4）"VR 视频"选项卡：主要是用来设置 VR 属性，通过对投影、布局和水平捕捉的视图等选项的设置，进行视频 VR 编辑。

选项卡设置完成后，在下方的"序列名称"文本框中可输入新建序列的名称，单击"确定"按钮，即可完成新建序列的操作。

4. 保存项目

视频制作完成后，可在"节目"面板中整体播放预览最终效果，确认无误后保存项目，并选择视频格式导出视频。以下方法都可保存项目。

方法 1：设置自动保存，执行菜单栏"编辑→首选项→自动保存"命令，在"首选项"对话框中设置自动保存时间（一般设置 5 分钟），勾选"自动保存也会保存当前项目"复选框，Premiere Pro 2020 每 5 分钟自动保存一次项目文件。

方法 2：执行菜单栏"文件→保存"命令或执行"文件→另存为"命令，设置保存路径和名称即可保

图 1-34 "新建序列"对话框

存当前项目。

方法 3：在"项目"面板中选择当前的项目，右击，在弹出的快捷菜单中选择"保存项目"命令，即可保存选中的项目。

方法 4：按 Ctrl+S 快捷键保存当前项目。

1.3 操作实例：古代建筑

参考二维码 1-3 样张视频效果，利用教材提供的素材（Pr\素材\第 1 章　初识 Premiere Pro 2020\1.3），结合本章所学知识，制作完成古代建筑视频。

二维码 1-3 "古代建筑"样张视频

第 **2** 章

文件的导入和导出

　　Premiere Pro 2020 可以支持处理多种格式的素材文件，方便利用各种格式的素材，制作精彩视频。要制作音视频作品，应该先将准备好的素材导入 Premiere Pro 2020 的项目中。由于素材文件的类型不同，导入素材的方法也不同。而制作好的视频按照要求的不同，导出的格式设置也不尽相同。本章主要介绍各种素材文件的导入方法和作品的导出方法。本章素材如二维码 2-1 所示。

二维码 2-1
第 2 章素材

学习目标

　　❖ 掌握不同素材文件的导入方法。
　　❖ 掌握导出视频格式、音频格式的方法和技巧。
　　❖ 掌握导出单帧图像、序列文件的方法和技巧。

思政元素

　　❖ 培养学生勇于尝试和探索的精神。
　　❖ 培养学生做事有毅力、善始善终的习惯。

课程思政

　　"条条大路通罗马"原话是 All Roads Lead to Roma，是一句西方谚语，是指做成一件事的方法不止一种，人生的路也不止一条。而我们要做的就是勇于尝试，积极探索和发现。

2.1 文件的导入

第 1 章中已经分类介绍了 Premiere Pro 2020 支持和处理的素材格式。本节主要是以音视频素材、图像素材、序列文件素材和图层文件素材为例介绍不同的导入方法和技巧。

2.1.1 导入音视频文件

音视频文件是 Premiere Pro 2020 最常用的素材文件，导入方法相同，只要计算机安装了相应的音视频解码器，不需要进行其他设置即可直接导入。将音视频素材导入"项目"面板中的具体操作步骤如下。

（1）启动 Premiere Pro 2020，新建项目，名称为"雨过天晴"。

（2）双击"项目"面板的空白处打开"导入"对话框，选择素材文件夹中的视频格式文件"雨 1.mp4""雨 2.mp4"和音频格式文件"雨声 .aac"，单击"打开"按钮，即可将选择的音视频素材文件导入"项目"面板中，如图 2-1 所示。

图 2-1 音视频素材文件导入

（3）在"项目"面板中将导入的视频素材文件"雨 1.mp4"拖至"时间轴"面板的空白处，自动生成以"雨 1"命名的序列，该序列按照所选素材大小和格式进行设置，如图 2-2 所示。

图 2-2 素材自动生成序列

（4）将"项目"面板中的音频素材"雨声 .aac"拖至 A1 音频轨道的起始处，并设置其长度和"雨 1.mp4"一致。在"项目"面板中选中视频素材"雨 2.mp4"，将其拖至 V1 视频轨道的"雨 1.mp4"之后。

2.1.2　导入图像文件

图像文件是静帧文件，在 Premiere Pro 2020 中被当作视频文件或字幕文件来进行使用。将图像素材导入"项目"面板中的具体操作步骤如下。

（1）在"雨过天晴"项目中，执行菜单栏"文件→导入"命令，在打开的"导入"对话框中选择素材文件夹中的图像文件"花1.jpg"，单击"打开"按钮即可将选择的图像素材导入"项目"面板中，如图 2-3 所示。

图 2-3　图片素材导入

（2）将"项目"面板中的图像素材"花1.jpg"拖至 V1 视频轨道的"雨2.mp4"之后，系统默认静态图像持续时间为 5 秒，实际上，静态图像没有时长限制，可在"时间轴"面板中根据需要将素材的持续时间拉长或缩短。

2.1.3　导入图层文件

图层文件也是一种静帧图像文件，区别在于图层文件包含多个互相独立的图像图层。在 Premiere Pro 2020 中，可将图层文件的所有图层作为一个整体导入，也可单独导入其中一个或多个图层。将图层文件素材导入"项目"面板中的具体操作步骤如下。

（1）在"雨过天晴"项目中，按快捷键 Ctrl+I，打开"导入"对话框，选中素材文件夹中的"花2.psd"图层文件，单击"打开"按钮，如图 2-4 所示。

图 2-4　导入多图层素材

（2）弹出"导入分层文件：花 2"对话框，选择"导入为"下拉列表框中的"各个图层"，如图 2-5 所示，按"确定"按钮可将"花2.psd"的各个图层导入"项目"面板中。

Premiere Pro 2020 默认"导入为"选项是"合并所有图层",其中"导入为"下拉列表框中各选项的说明如下。

① 合并所有图层:用于合并图层文件的所有图层。

② 合并的图层:用于选择需要合并的图层。

③ 各个图层:用于选择单个图层并导入。

④ 序列:用于以序列的方式导入多图层文件。

(3)在"项目"面板中出现以"花2"命名的文件夹,展开该文件夹,可看到文件夹下包括多个独立图层文件,如图 2-6 所示。

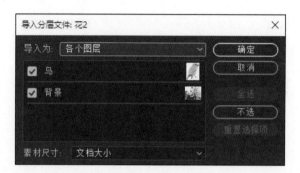

图 2-5 "导入分层文件:花2"对话框

图 2-6 导入的多图层文件

(4)在"项目"面板中,双击"花2"文件夹,打开"素材箱:花2"面板,该面板中显示"花2.psd"中导入的图层,如图 2-7 所示。

(5)选中"鸟/花2.psd",即"小鸟",将其拖至 V2 视频轨道的"花1.jpg"上,在"工具"面板单击"选择工具" ,选中"鸟/花2.psd"并在"节目"面板中双击小鸟,拖动更改其位置,如图 2-8 所示。

图 2-7 "素材箱:花2"面板

图 2-8 鸟的设置及效果

2.1.4 导入序列文件

序列文件是带有统一编号的图像文件,把序列文件中的一张图片导入 Premiere Pro 2020,它就是静态图像文件。如果把它们按照序列全部导入,则系统会自动将这个整体作为一个视频文件。将序列文件素材导入"项目"面板中的具体操作步骤如下。

（1）在"雨过天晴"项目中，右击"项目"面板空白处，在弹出的快捷菜单中选择"导入"命令，在打开的"导入"对话框中打开"彩虹"文件夹，选择第一张"彩虹100.jpg"文件，勾选"图像序列"复选框，如图2-9所示。单击"打开"按钮，即可将序列文件合成为一段视频导入"项目"面板中，该视频的时长2秒16帧，如图2-10所示。

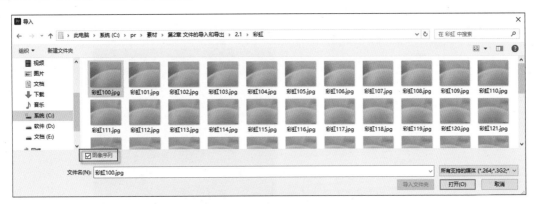

图2-9 序列文件的导入

图2-10 导入"项目"面板中的序列文件

（2）选中序列素材文件"彩虹100.jpg"，将其拖至V1视频轨道的"花1.jpg"之后，即可看到其动态视频效果。

（3）单击"节目"面板中的"播放"按钮，播放预览整个视频效果。检查无误后执行菜单栏"文件→保存"命令，保存项目文件。

注意　导入"项目"面板的素材只是在项目文件和外部素材之间建立了一个链接，并没将其复制到项目中，一旦素材位置发生变化或重命名，项目中的素材将无法显示，此时就需要通过替换素材指定该素材命令的正确位置才可以正常显示。

2.2　文件的导出

在Premiere Pro 2020中，可选择把视频导出成在媒体上直接播放的视频类文件，也可导出为专门在计算机上播放的静止图片序列或动画文件。在设置视频的导出操作前要明确制作该视频的要求和目的，根据视频的应用场合及质量要求选择导出格式。下面介绍几种常用格式的导出方法和参数设置。

2.2.1　导出视频格式文件

（1）打开"雨过天晴"项目，在"项目"面板中双击"雨1"序列，查看视频最终效果。

（2）执行菜单栏"文件→导出→媒体"命令，如图2-11所示，弹出"导出设置"对话框，设置"格式"为H.264，单击"输出名称"，打开"另存为"对话框，设置"名称"为"雨过天晴"，位置为"C:\pr\效果\第2章 文件的导入和导出"；"预设"为"匹配源 – 高比特率"，勾选"导出视频"和"导出音频"复选框，最后单击"导出"按钮，如图2-12所示。渲染完成后，即可导出完整视频文件"雨过天晴.mp4"，如图2-13所示。

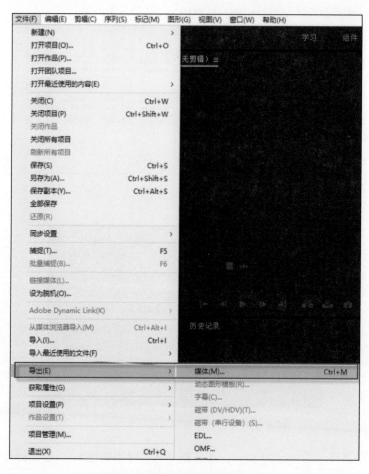

图 2-11　"文件→导出→媒体"命令

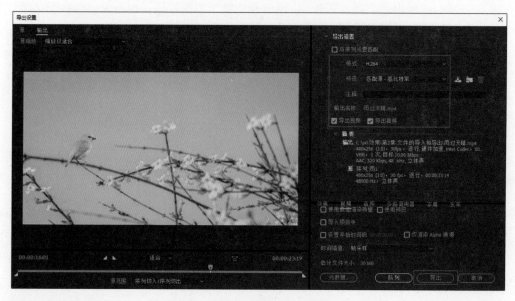

图 2-12　"导出设置"对话框

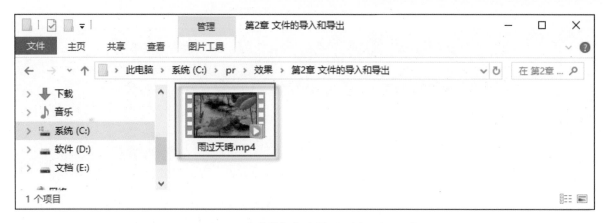

图 2-13　导出的视频文件"雨过天晴.mp4"

（3）选中 V1 视频轨道上的序列文件"彩虹 100.jpg"，右击，在弹出的快捷菜单中选择"制作子序列"，即可在"项目"面板上生成子序列"雨 1_Sub_01"，如图 2-14 所示。

图 2-14　生成的子序列

（4）双击打开该序列，如图 2-15 所示。此序列预览完成后，执行菜单栏"文件→导出→媒体"命令，弹出"导出设置"对话框，设置"格式"为 AVI，单击"输出名称"，打开"另存为"对话框，设置"名称"为"彩虹"，位置为"C:\pr\ 效果 \ 第 2 章 文件的导入和导出"；仅勾选"导出视频"复选框，最后单击"导出"按钮，如图 2-16 所示。渲染完成后，即可导出一个没有声音只有画面的视频文件"彩虹 .avi"，如图 2-17 所示。

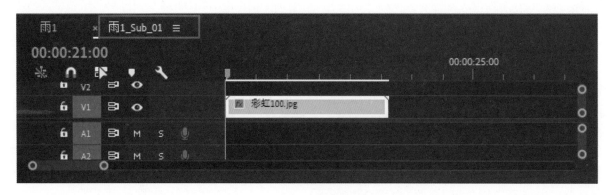

图 2-15　子序列显示

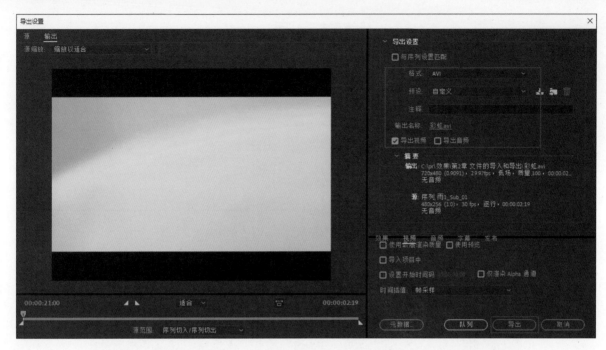

图 2-16 导出无声音视频文件设置

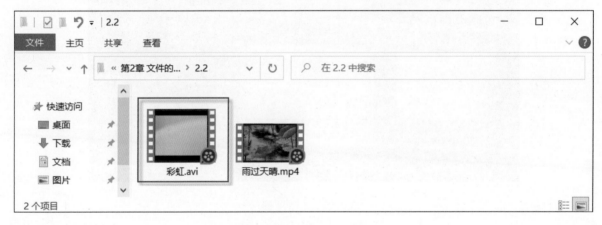

图 2-17 导出的视频文件"彩虹 .avi"

2.2.2 导出音频格式文件

（1）在 Premiere Pro 2020 中可导出仅有声音的音频格式文件，因此可利用 Premiere Pro 2020 实现视频文件的音视频分离。在"雨 1"序列中，选中"时间轴"面板 V1 视频轨道的"雨 2.mp4"，右击，在弹出的快捷菜单中选择"取消链接"命令，即可把视频中的画面和声音分离，如图 2-18 所示。

（2）导出前，按空格键监听音频的效果，确认无误后，按快捷键 Ctrl+M，弹出"导出设置"对话框。设置"格式"为"波形音频"，单击"输出名称"，打开"另存为"对话框，设置"名称"为"虫鸣"，位置为"C:\pr\ 效果 \ 第 2 章 文件的导入和导出"，单击"保存"按钮。

（3）因为该文件选择输出音频格式，可看到"导出视频"已变为不可操作的灰色，仅可导出音频，单击"导出"按钮，如图 2-19 所示。编码完毕即可在保存路径中查看导出的音频文件，如图 2-20 所示。

图 2-18 取消音视频链接

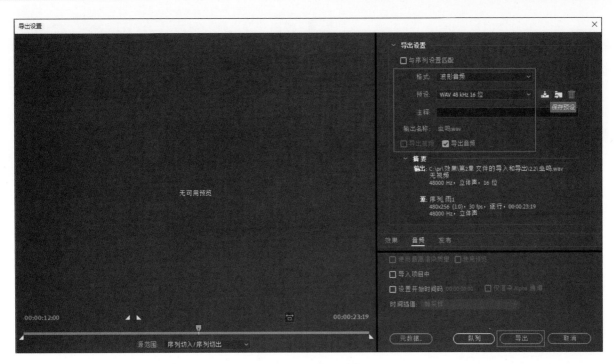

图 2-19　音频导出设置

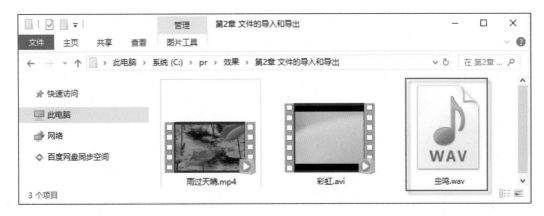

图 2-20　导出的音频文件

2.2.3　导出单帧图像

在 Premiere Pro 2020 中，可选择视频中某一帧，将其输出为静态图片。

（1）在"雨 1"序列中的"播放指示器"位置输入"9."，按 Enter 键，将时间指针定位至"00:00:09:00"位置，如图 2-21 所示。

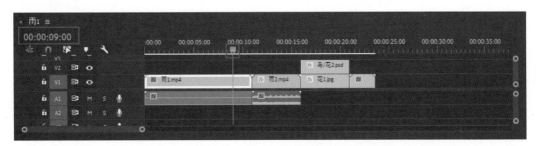

图 2-21　时间指针设置

（2）在"节目"面板中单击"导出帧"按钮 ▣，弹出"导出帧"对话框，设置"名称"为"雨荷"，"格式"为 JPEG，路径为"C:\pr\效果\第 2 章 文件的导入和导出"，取消勾选"导入到项目中"复选框，单击"确定"按钮，即可导出单帧图像，如图 2-22 所示。

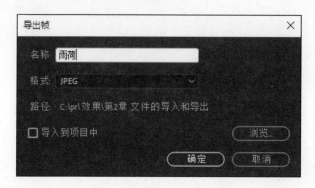

图 2-22 "导出帧"对话框

（3）执行菜单栏"文件→导出→媒体"命令，弹出"导出设置"对话框，将"格式"设置为 JPEG 后，"导出音频"选项为灰色不可操作状态，仅导出画面。单击"输出名称"，弹出"另存为"对话框，设置"名称"为"雨荷 1"，位置为"C:\pr\效果\第 2 章 文件的导入和导出"。在"视频"选项卡下，取消勾选"导出为序列"复选框，如图 2-23 所示。设置完成后，单击"导出"按钮，导出单帧图像文件，如图 2-24 所示。

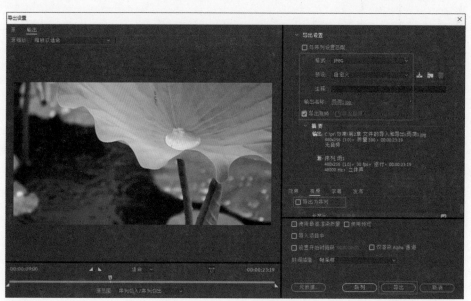

图 2-23 导出的单帧图像设置

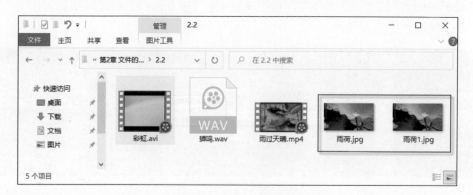

图 2-24 导出的单帧图像文件

2.2.4　导出序列文件

Premiere Pro 2020 可将编辑完成的文件输出为一组带有序列号的序列图片文件。

（1）在"雨 1"序列中，右击"时间轴"面板 V1 视频轨道的"雨 1.mp4"，在弹出的快捷菜单中选择"制作子序列"，在"项目"面板上生成子序列"雨 1_Sub_02"，双击打开此序列，设置其持续时间为 1 秒，如图 2-25 所示。

图 2-25　子序列"雨 1_Sub_02"

（2）选中 V1 视频轨道的"雨 1.mp4"，执行菜单栏"文件→导出→媒体"命令，弹出"导出设置"对话框，将"格式"设置为 JPEG，也可设置为 PNG、TIFF 等格式，单击"输出名称"，弹出"另存为"对话框，在该对话框中单击"新建文件夹"按钮，新建一个文件夹，将新建文件夹重命名为"序列文件"。双击打开"序列文件"文件夹，将文件名设置为"雨 1"，单击"保存"按钮，如图 2-26 所示。

图 2-26　设置文件名称

（3）返回至"导出设置"对话框，在"视频"选项卡下确认已勾选"导出为序列"复选框，单击"导出"按钮，如图 2-27 所示。

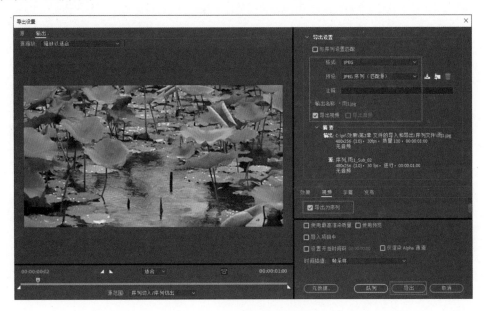

图 2-27　导出序列文件设置

（4）当序列文件输出完成后，在保存路径中打开"序列格式"文件夹，即可看到输出的序列文件，如图 2-28 所示。

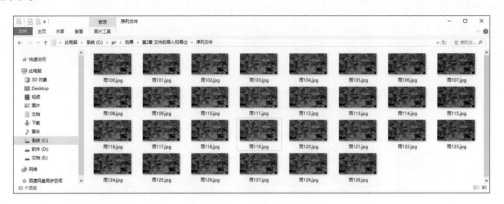

图 2-28 导出的序列文件

2.2.5 导出 GIF 动态文件

Premiere Pro 2020 可将编辑完成的文件输出为动态 GIF 的文件，该格式文件较小，适合于网页播放、移动设备播放、幻灯片插入等多种场合。

选择子序列"雨 1_Sub_02"，制作成 GIF 动态文件。按快捷键 Ctrl+M 打开"导出设置"对话框，"格式"设置为"动画 GIF"，单击"输出名称"，在弹出的"另存为"对话框中设置"名称"为"小雨"，位置为"C:\pr\ 效果 \ 第 2 章 文件的导入和导出"，如图 2-29 所示。单击"导出"按钮，即可输出一个动态 GIF 动画文件，如图 2-30 所示。

注意 在"格式"下拉列表中还有一个GIF设置，这个选项导出的是扩展名为GIF的静态序列文件，不是动画的形态。

图 2-29 导出动画 GIF 格式设置

图 2-30　导出的动画 GIF 文件

2.2.6　导出设置简介

制作完成一个视频后，最后的环节就是导出文件。在导出文件之前，需要先设置输出选项。

1. 导出类型简介

Premiere Pro 2020 可将影片导出为不同的文件类型。执行菜单栏"文件→导出"命令，弹出的子菜单中包含 Premiere Pro 2020 软件中支持的所有导出类型，如图 2-31 所示。主要输出类型介绍如下。

图 2-31　导出类型

（1）媒体：该命令可打开"导出设置"对话框，在该对话框中选择各种格式的媒体输出并进行参数设置。

（2）动态图形模板：该命令将 Premiere Pro 2020 创建的字幕和图形导出为动态图形模板以供将来重复使用。

（3）字幕：单独输出在 Premiere Pro 2020 软件中创建的字幕文件。

（4）磁带（DV/HDV）：该命令将序列导出到磁带上。

（5）磁带（串行设备）：通过专业录像设备可将编辑完成的视频直接输出到磁带上。

（6）EDL（编辑决策列表）：输出一个描述剪辑过程的数据文件，可导入其他的编辑软件进行编辑。

（7）OMF（公开媒体框架）：将整个序列中所有激活的音频轨道输出为 OMF 格式，可导入 Digidesign Pro Tools 等软件中继续编辑。

（8）AAF（高级制作格式）：支持多平台、多系统的编辑软件，可导入 Avid Media Avid Media Composer 等编辑软件继续编辑。

（9）Avid Log Exchange：将剪辑数据转移到 Avid Media Avid Media Compose 剪辑软件上进行编辑的交互文件。

（10）Final Cut Pro XML：将剪辑数据转移到苹果平台的 Final Cut Pro 剪辑软件上继续进行编辑。

2. "导出设置"对话框简介

执行菜单栏"文件→导出→媒体"命令，即可打开"导出设置"对话框。

1）"源范围"设置

"源范围"设置，如图 2-32 所示。

（1）整个序列：导出序列中的所有视频内容。

（2）序列切入 / 序列切出：导出切入点与切出点之间的视频内容。

（3）工作区域：导出工作区域内的视频内容。

（4）自定义：用户可以根据需要，自定义设置需要导出视频的区域。

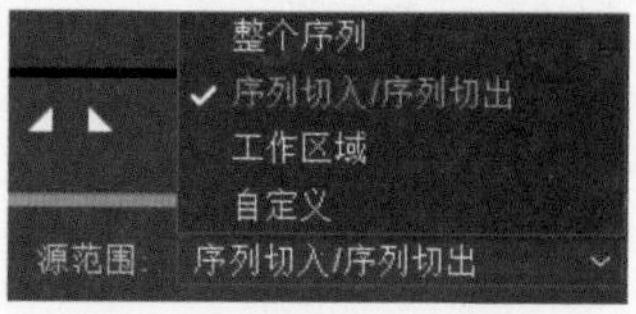

图 2-32 "源范围"下拉列表

2）导出设置

导出设置，如图 2-33 所示。

（1）与序列设置匹配：勾选该复选框，用与合成序列相同的视频属性进行导出。

（2）格式：在弹出的下拉列表中选择导出使用的媒体格式。

（3）预设：在该下拉列表中选择与所选导出文件格式对应的预设制式类型。

（4）注释：用于输入附加到导出文件中的文件注释信息，不会影响导出文件的内容。

（5）输出名称：单击该选项后面的文字按钮，在弹出的"另存为"对话框中输入导出文件的名称和存放的位置。

（6）导出视频：勾选该复选框则导出视频文件，取消勾选则不能导出视频文件。

（7）导出音频：勾选该复选框则导出声音文件，取消勾选则不能导出声音文件。

（8）摘要：显示目前所设置的选项信息，以及将要导出生成的文件格式、内容属性等信息。

3）"效果"选项卡

"效果"选项卡是选择导出格式为图像、视频类文件才有的选项，给出多种视频效果的快速调整选项，如校色、图像叠加等，根据需要勾选想添加的视频效果复选框后进行调整即可，如图 2-34 所示。

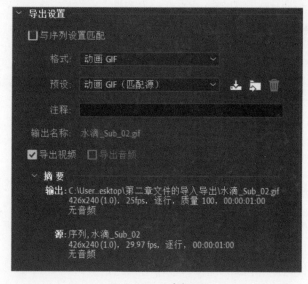

图 2-33 导出设置

图 2-34 "效果"选项卡

4）"视频"选项卡

"视频"选项卡，如图 2-35 所示。

（1）视频编解码器：单击"视频编解码器"右侧的下拉按钮，在弹出的下拉列表中选择用于作品压缩的编码解码器，选用的导出格式不同，对应的编码解码器也不同。

（2）基本视频设置：根据需求设置"质量""帧速率"和"场序"等选项。

①质量：设置输出节目的质量。

②宽度 / 高度：设置输出影片的视频大小。

③帧速率：指定输出影片的帧速率。

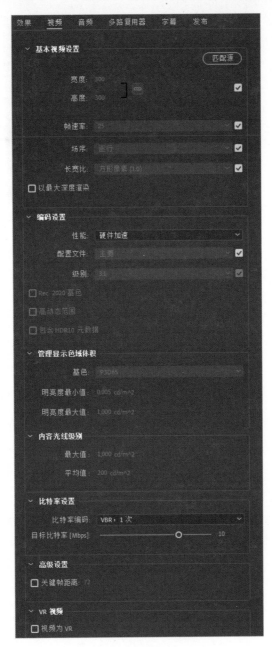

图 2-35 "视频"选项卡

④ 场序：提供了逐行、上场优先和下场优先等选项。

⑤ 长宽比：设置输出影片的像素宽高比。

（3）以最大深度渲染：勾选该复选框，以 24 位深度进行渲染；取消勾选复选框，以 8 位深度进行渲染。

（4）高级设置：对"关键帧"和"优化静止图像"复选框进行设置。

① 关键帧：以 AUI 格式为例，勾选该复选框显示"关键帧间隔"选项，以输入的帧数创建关键帧的压缩格式。

② 优化静止图像：勾选该复选框，会优化长度超过一帧的静止图像，导出格式不同选项略有不同。

5）"音频"选项卡

选择"音频"选项卡，在该选项卡中可设置输出音频的"采样率""声道"和"样本大小"等选项，如图 2-36 所示。

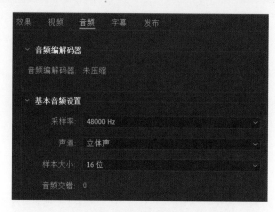

图 2-36 "音频"选项卡

（1）采样率：选择输出节目时使用的采样频率。采样频率越高，播放质量越好，需要的磁盘空间越大，处理时间越长。

（2）声道：采用单声道或者立体声。

（3）样本大小：选择输出节目时所使用的声音量化位数，较高的量化位数可获得较好的音频质量。

（4）音频交错：指定音频数据如何插入视频帧中间。增加该值可存储更长声音片段，同时需要更大内存容量。

2.3 操作实例：精彩瞬间

利用提供的素材（Pr\ 素材 \第 2 章 文件的导入和导出 \2.3）制作完成精彩瞬间视频。或将自己生活中拍摄的精彩时刻图片与视频结合所学知识，利用 Premiere Pro 2020 软件自行设计，并以各种文件格式进行输出。

第 3 章

视频编辑基础

本章主要介绍 Premiere Pro 2020 非线性编辑的基础知识。对视频文件进行编辑操作时，首先需要创建项目、导入素材，然后对这些素材进行剪辑、管理、修改等基础操作，为制作影片奠定基础。在 Premiere Pro 2020 中，对视频素材的编辑包括分割、排序、修剪等各种操作。本章的素材参考二维码 3-1。

二维码 3-1
第 3 章素材

学习目标

- ❖ 掌握素材的剪辑和分离。
- ❖ 掌握"源"面板和"节目"面板中编辑按钮的使用。
- ❖ 掌握"工具"面板中常用编辑工具的使用。

思政元素

- ❖ 通过时间轴让学生了解做事顺序的重要性。
- ❖ 激发学生热爱运动、强健体魄的内生动力。

课程思政

"故圣人不贵尺之璧，而重寸之阴，时难得而易失也。"出自《淮南子·原道训》，意思是不以径尺之璧玉为贵重，而珍贵那日影移动一寸的时间。

3.1 制作"海的故事"视频

3.1.1 实例内容及操作步骤

利用"源"面板和"节目"面板相关工具完成"海的故事"视频制作，效果如二维码 3-2 所示。

二维码 3-2 "海的故事"样张视频

（1）启动 Premiere Pro 2020，新建项目，名称为"海的故事"。

（2）执行菜单栏"文件→导入"命令，弹出"导入"对话框，选择素材文件夹中的"01.mp4 至 05.mp4"素材，导入"项目"面板中。

（3）在"项目"面板中将导入的视频素材文件"01.mp4"拖至"时间轴"面板的空白处，自动生成以"01"命名的序列，该序列按照所选素材大小和格式进行设置。

（4）将"时间轴"面板的时间指针定位至"00:00:06:00"位置，鼠标放到 V1 视频轨道"01.mp4"结束位置，当鼠标指针变为 时，按住鼠标左键向左拖至时间指针位置，如图 3-1 所示，选择 A1 音频轨道上音频，按 Delete 键将其删除。

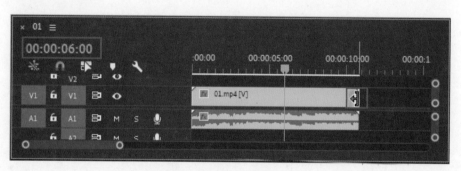

图 3-1 裁剪视频"01.mp4"

（5）在"项目"面板中，将"02.mp4"拖至"时间轴"面板 V1 视频轨道"01.mp4"之后，将时间指针定位至"00:00:07:00"位置，利用"剃刀工具"单击时间线位置，即可分割该视频。利用相同方法分割"02.mp4"11 秒后的视频，如图 3-2 所示。

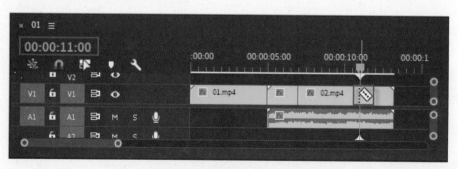

图 3-2 "剃刀工具"应用

（6）在"工具"面板切换"选择工具"，选中"02.mp4"第一部分，右击，在弹出的快捷菜单中选择"波纹删除"命令，删除第一部分的同时后续视频自动前移。选中"02.mp4"最后一部分，执行菜单栏"编辑→清除"命令进行删除。

（7）将时间指针定位至"00:00:05:00"位置，选择"工具"面板中的"波纹编辑工具" ，将鼠标指针放置在 V1 视频轨道"01.mp4"结束位置，当鼠标指针变为 时，按住鼠标左键向左拖至时间指针位置，将其持续时间设置为 5 秒，如图 3-3 所示，"02.mp4"自动前移。

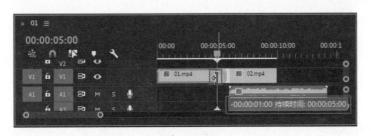

图 3-3 "波纹编辑工具"应用

（8）在"项目"面板中，双击"03.mp4"文件，使该素材在"源"面板中显示，在"源"面板中，将时间指针定位至"00:00:11:00"位置，然后单击该面板下方的"标记入点"按钮，为该视频设置入点，再将时间指针定位至"00:00:16:00"位置，然后单击该面板下方的"标记出点"按钮，为该视频设置出点，如图 3-4 所示。在"项目"面板中，将"03.mp4"拖至"时间轴"面板 V1 视频轨道"02.mp4"之后，并将其设置为"缩放为帧大小"。

图 3-4 在"源"面板中设置出点和入点

（9）在"时间轴"面板中将时间指针定位至"00:00:14:00"位置，在"项目"面板中，双击"04.mp4"文件，使该素材在"源"面板中显示，设置入点时间为"00:00:04:22"，出点时间为"00:00:07:02"，单击"插入"按钮 ，将"04.mp4"插入"时间轴"面板 V1 视频轨道"03.mp4"之后。

（10）在"工具"面板中长按"波纹编辑工具"，选择"滚动编辑工具" ，将鼠标指针放置在 V1 视频轨道"02.mp4"和"03.mp4"中间位置，当鼠标指针变为 时，按住鼠标左键向左拖至适当位置，如图 3-5 所示，两段视频的总长度不变，"02.mp4"时间缩短"03.mp4"时间延长。

图 3-5 "滚动编辑工具"应用

（11）设置"05.mp4"素材入点时间为"00:00:02:00"，出点时间为"00:00:17:00"，将其拖至"时间轴"面板 V1 视频轨道"04.mp4"之后，调整"节目"面板中"05.mp4"的大小使其适应窗口。在"工具"面板中长按"波纹编辑工具"，选择"比率拉伸工具" 🔧，将鼠标指针放置在 V1 视频轨道"05.mp4"结束位置，当鼠标指针变为 🔧 时，按住鼠标左键向左拖至持续时间 5 秒，使海鸥飞行速度变快，如图 3-6 所示。

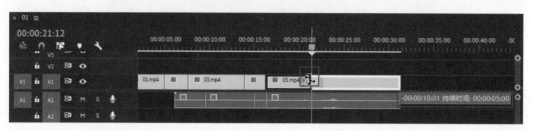

图 3-6　"比率拉伸工具"应用

（12）在"工具"面板中选择"向前选择轨道工具"图标，按住 Shift 键的同时单击 A1 音频轨道上第一个音频，按 Delete 键删除，如图 3-7 所示。

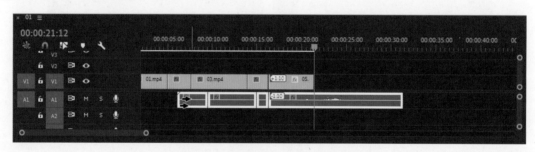

图 3-7　"向前选择轨道工具"应用

（13）"海的故事"视频制作完成，保存并导出。

3.1.2　认识监视器面板

监视器面板分为"源"面板和"节目"面板，"源"面板显示和设置节目中的素材，"节目"面板显示和设置序列。在"项目"或"时间轴"面板中双击要观看的素材，素材会自动显示在"源"面板中，"节目"面板中显示"时间轴"面板中的素材，如图 3-8 所示。

图 3-8　"源"面板与"节目"面板

在"源"面板下方，如图 3-9 所示，"播放指示器位置"显示当前时间指针的位置，由 4 个两位数构成，分别表示小时、分钟、秒、帧，鼠标放在上面变成图标，按住鼠标左键拖动可以改变时间指针的位置，也可以用键盘输入具体时间定位时间指针的位置。图3-9右侧"入点/出点持续时间"表示入点和出点之间的时间长度，在它们下方是"时间线标尺"和"时间指针"，"选择缩放级别"列表在"源"面板或"节目"面板的下方，可改变面板中影片的大小。

图 3-9　"源"面板说明

3.1.3　"源"面板功能按钮

"源"面板下方是功能按钮区，显示常用的按钮，单击"按钮编辑器" 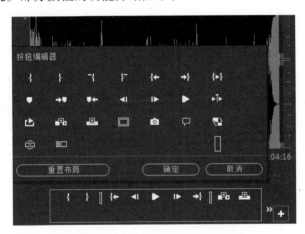可以打开按钮编辑器，如图3-10所示，选择所需按钮，直接拖放到功能按钮区中，单击"确定"按钮即可添加按钮，当鼠标指针停留在按钮上会有提示出现。部分按钮的功能介绍如下。

图 3-10　"源"面板的按钮编辑器

（1）"标记入点"按钮：将当前时间指针所在位置设置为素材的入点。

（2）"标记出点"按钮：将当前时间指针所在位置设置为素材的出点。

（3）"清除入点"按钮：可清除设置的素材入点。

（4）"清除出点"按钮：可清除设置的素材出点。

（5）"转到入点"按钮：可将时间指针快速跳转到素材的入点。

（6）"转到出点"按钮：可将时间指针快速跳转到素材的出点。

（7）"从入点到出点播放视频"按钮：播放入点和出点之间的素材内容。

（8）"添加标记"按钮：在时间指针所在位置添加标记。

（9）"转到下一标记"按钮：可将时间指针快速跳转到下一个标记处。

（10）"转到上一标记"按钮：可将时间指针快速跳转到上一个标记处。

（11）"后退一帧"按钮：可将当前时间指针向前移动一帧。

（12）"前进一帧"按钮：可将当前时间指针向后移动一帧。

（13）"播放"按钮和"停止"按钮：可使视频在播放和停止之间进行切换。

（14）"循环播放"按钮：可将视频循环播放。如果设置了出入点，将只会循环播放出入点区域中的视频。

（15）"插入"按钮：将剪裁好的素材插入当前序列中所选轨道的时间指针处，并将后面的所有素材自动后移。

（16）"覆盖"按钮：将剪裁好的素材直接覆盖到当前序列中所选轨道的时间指针处，原有位置的素材被替换覆盖。

（17）"安全边距"按钮：将在"源"面板中显示安全边距。

（18）"导出帧"按钮：可将当前时间指针处的帧画面导出到指定位置。

（19）"隐藏字幕显示"按钮：可设置隐藏字幕的显示。

（20）"切换 VR 视频显示"按钮：将显示 VR 视频素材。

（21）"切换多机位视图"按钮：将多机位视频全部显示出来，以便编辑。

3.1.4　在"源 / 节目"面板中剪辑素材

剪辑可通过增加或删除帧改变素材长度。素材开始帧的位置被称为入点，素材结束帧的位置称为出点。用户可以在"源 / 节目"面板和"时间轴"面板中剪裁素材。

　　1. 在"源"面板中改变入点和出点的步骤

（1）在"项目"面板中双击要设置入点和出点的素材，将其在"源"面板中打开。

（2）在"源"面板中拖动时间指针或按空格键，找到要使用片段的开始位置。

（3）单击"源"面板下方的"标记入点"按钮或按字母"I"键，"源"面板中会显示当前素材入点画面，在"选择缩放级别"选项的右侧显示入点标记，如图 3-11 所示。

图 3-11　设置入点

（4）继续播放影片，找到所用片段结束位置。单击"源"面板下方"标记出点"按钮或按字母"O"键，在"选择缩放级别"选项的右侧显示出点标记。入点和出点间显示为亮灰色，两点之间的片段即入点与出点间的素材片段。

（5）单击"转到入点"按钮，可以自动跳到影片的入点位置，单击"转到出点"按钮，可以自动跳到影片出点的位置。

对于音频素材，入点和出点指示器出现在波形图相应的点处。

当用户将一个同时含有影像和声音的素材拖入"时间轴"面板时，该素材的音频和视频部分会被放到相应的轨道中。用户在为素材设置入点和出点时，对素材的音频和视频部分同时有效。另外，也可以为素材的视频部分单独设置入点和出点。

　　2. 在"节目"面板中为素材的视频或音频部分单独设置入点和出点的步骤

（1）在"节目"面板中选择要设置入点和出点的素材。

（2）播放影片，找到使用片段的开始或结束位置。

（3）右击面板，在弹出的快捷菜单中选择"标记入点 / 出点"。

（4）在弹出的子菜单中分别设置链接素材的入点和出点。

3.1.5　在其他软件中打开素材

Premiere Pro 2020 具有打开其他兼容软件的功能，用户可利用该功能在其他兼容软件中对素材进行观看或编辑，如在 Photoshop 中打开并编辑图像素材。在其他应用程序中编辑素材后，Premiere Pro 2020

中的该素材会自动更新。使用其他应用程序编辑素材的方法如下。

（1）在"项目"面板或"时间轴"面板中，选中需要编辑的素材。

（2）执行"编辑→编辑原始"命令，或按 Ctrl+E 快捷键。

（3）在打开的应用程序中编辑该素材并保存结果。

（4）返回到 Premiere Pro 2020 应用程序，修改后的结果会自动更新到当前素材。

 注意 在其他应用程序中编辑素材，必须保证计算机中安装了相应的应用程序并且有足够的内存运行程序。

3.1.6 "工具"面板

Premiere Pro 2020 提供了多种编辑片段的工具。应用时，在"工具"面板中所要应用的工具上单击或者按键盘上的快捷键即可，如图 3-12 所示。

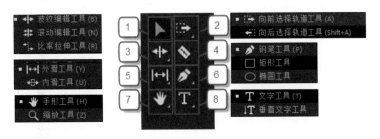

图 3-12 "工具"面板

"工具"面板中有若干工具，其右下角有小三角的又包含若干工具，形成工具组。"工具"面板中主要有选择工具、向前选择轨道工具、向后选择轨道工具、波纹编辑工具、滚动编辑工具、比率拉伸工具、剃刀工具、外滑工具、内滑工具、钢笔工具、矩形工具、椭圆工具、手形工具、缩放工具、文字工具和垂直文字工具。其中，"向前选择轨道工具"和"向后选择轨道工具"一组，"波纹编辑工具""滚动编辑工具"和"比率拉伸工具"一组，"内滑工具"和"外滑工具"一组，"钢笔工具""矩形工具"和"椭圆工具"一组，"手形工具"和"缩放工具"一组，"文字工具"和"垂直文字工具"一组。当需要一组中的另一个工具，只要把鼠标放在图标上按住鼠标左键稍作停留就能弹出菜单进行选择。

1. 选择工具

用来选中轨道中的素材，单击轨道中的某个素材即被选中。按住 Shift 键的同时单击轨道中的多个素材即可选中多个素材。

2. 选择轨道工具组

（1）向前选择轨道工具：选择此工具时，在"时间轴"面板中单击某素材，选取该素材及所有轨道上此素材右侧的全部素材。按住 Shift 键单击某素材时，选取该素材以及同一轨道中位于其右侧的全部素材。

（2）向后选择轨道工具：选择此工具时，在"时间轴"面板中单击某素材，选取该素材及所有轨道上此素材左侧的全部素材。按住 Shift 键单击某素材时，选取该素材以及同一轨道中位于其左侧的全部素材。

3. 波纹编辑工具组

（1）波纹编辑工具：修剪"时间轴"轨道内某素材的入点或出点，保留对修剪素材左侧或右侧的所有编辑，并将之后的素材整体向前移动或者向后移动，会导致整个序列的时长改变。

（2）滚动编辑工具：在"时间轴"面板内的两个剪辑之间滚动编辑点。滚动编辑工具修剪一个剪辑的入点和另一个剪辑的出点，同时保留两个剪辑的组合持续时间不变。

注意　　与波纹编辑工具不同，用滚动编辑工具改变某片段的入点或出点，相邻素材的出点或入点也相应改变，以使影片的总长度不变。

（3）比率拉伸工具 ：用比率拉伸工具拖动轨道里片段的首尾，可使该片段在入点和出点不变的情况下加快或减慢播放速度，从而缩短或增长时间长度。更精确的方法是选中轨道里的某片段，然后右击，在弹出的快捷菜单里选择"速度/持续时间"选项，弹出"素材/持续时间"对话框，调节时间长度。

4. 剃刀工具

将一段视频分为两个或多个视频片段，便于分别对视频进行编辑处理。单击"剃刀工具"按钮，鼠标变成一个刀片图形，此时可以在"时间轴"面板中调整时间指针以确认视频分割的位置，然后将鼠标指针移至该位置。

5. 滑动工具组

（1）内滑工具 ：使两个片段的入点与出点发生本质上的位移，并不影响片段持续时间与节目的整体持续时间，但会影响编辑片段之前或之后的持续时间，迫使前面或后面的影片片段的出点与入点发生改变。

（2）外滑工具 ：更改片段的入点与出点，但不会改变持续时间，不会影响其他片段的入点时间和出点时间，节目总持续时间也不会发生任何改变。

6. 钢笔工具组

选择钢笔工具，在"节目"面板内单击创建锚点，相邻的锚点连接形成形状，也可以选择该组椭圆工具或矩形工具，创建椭圆形和矩形。

7. 手形工具组

（1）手形工具 ：可以拖动"时间轴"面板里轨道的显示位置，轨道里的片段本身不会发生任何改变。

（2）缩放工具 ：选中缩放工具，直接单击轨道可放大时间轴轨道视图，放大的时间轴刻度分化更细，便于编辑细节；按 Alt 键，单击轨道可缩小时间轴，缩小后的时间轴刻度分化比较粗，便于宏观编辑。不论是放大还是缩小，序列时间是不变的。

8. 文字工具组

文字工具组包含文字工具和垂直文字工具，适于创建比较简单的文字输入。

3.1.7　时间轴轨道

1. 添加轨道

在 Premiere Pro 2020 中，默认有 3 条视频轨道和 3 条音频轨道，如果时间轴轨道不够用，可以添加轨道，在轨道名称空白处右击，在弹出的快捷菜单中选择"添加轨道"命令，如图 3-13 所示，弹出"添加轨道"对话框，如图 3-14 所示，按需进行设置即可。

图 3-13　"添加轨道"命令

图 3-14　"添加轨道"对话框

2. 删除轨道

轨道控制栏右侧空白处右击,在弹出的快捷菜单中选择"删除轨道"命令,弹出"删除轨道"对话框,按需勾选对应选项,如图 3-15 所示,单击"确定"按钮即可。

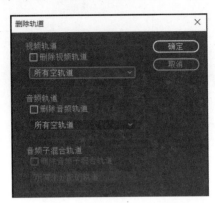

图 3-15　"删除轨道"对话框

3. 锁定轨道

锁定轨道可以使轨道处于不能编辑的状态,从而保护编辑好的轨道不被误操作。单击轨道上的"锁定"按钮 🔒,被锁定的轨道上会出现倾斜的条纹,效果如图 3-16 所示。

4. 缩放时间轴轨道视图

将鼠标放在时间轴下方滚动条的右侧圆形手柄处,按住鼠标左键移动,可放大或缩小时间轴,如图 3-16 所示。鼠标向左移动,可以放大时间轴;鼠标向右移动,可以缩小时间轴。

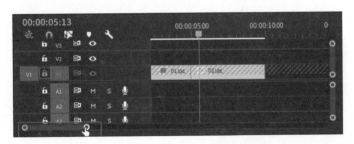

图 3-16　锁定轨道及缩放时间轴

3.2 "全民健身"视频剪辑

3.2.1　实例内容及操作步骤

利用"源"面板和"节目"面板剪辑素材,完成"全民健身"视频制作,效果如二维码 3-3 所示。

（1）启动 Premiere Pro 2020,新建项目,名称为"全民健身"。

（2）在菜单栏中执行"文件→新建→序列"命令,新建序列 01,选择可用预设中"DV-PAL 制式,标准 48kHz"模式。

二维码 3-3 "全民健身"样张视频

（3）导入素材文件夹中所有素材文件。

（4）在"项目"面板中双击"01.mp4",使其在"源"面板中打开,将时间指针定位至"00:00:04:10"位置,单击"源"面板下方的"标记入点"按钮 🔳,将时间指针定位至"00:00:09:10"位置,单击"源"面板下方的"标记出点"按钮 🔳,如图 3-17 所示。

图 3-17　出入点设置及效果

在"时间轴"面板中将时间指针定位至"00:00:00:00"位置，单击"源"面板下方的"插入"按钮 ，将视频"01.mp4"选中部分插入 V1 视频轨道。选中插入的"01.mp4"，打开"效果控件"面板，将"缩放"设置为 79.1，如图 3-18 所示。

（5）在"项目"面板中将"02.mp4"拖至"时间轴"面板 V1 视频轨道"01.mp4"结束位置，在"时间轴"面板中将时间指针定位至"00:00:08:00"位置，选择"工具"面板中的"剃刀工具"，在 V1 视频轨道时间指针处单击，将"02.mp4"分割为两部分。切换至"工具"面板中的"选择工具"，选择"02.mp4"第二部分，执行菜单栏"剪辑→速度 / 持续时间"命令，在弹出的"剪辑速度 / 持续时间"对话框中勾选"倒放速度"复选框，如图 3-19 所示。选择 A1 音频轨道上的所有音频，按 Delete 键删除。

图 3-18　修改缩放比例

图 3-19　"剪辑速度 / 持续时间"对话框

（6）在"项目"面板中双击"03.mp4"素材，将其在"源"面板打开，将"时间轴"面板时间指针定位至"00:00:10:00"位置，单击"源"面板下方"覆盖"按钮 ，"03.mp4"从 10 秒的位置开始替换和其等长的素材，在"效果控件"面板中将"缩放"设置为 105。

（7）在"项目"面板中将"04.mp4"拖至"时间轴"面板 V1 视频轨道"03.mp4"结尾位置，在"效果控件"面板中将"缩放"设置为 80。在"节目"面板将时间指针定位至"00:00:19:00"位置，单击"节目"面板"标记入点"按钮 ，将时间指针定位至"00:00:46:00"位置，单击"标记出点"按钮 ，设置出入点标记后单击"节目"面板下方"提取"按钮 ，如图 3-20 所示，将"入点标记"和"出点标记"之间的部分素材删除，同时后续素材自动前移。

（8）将"项目"面板中的"05.mp4"拖至"时间轴"面板 V1 视频轨道"04.mp4"结尾处，删除 A1 音频轨道上的所有素材，选择"剃刀工具"分别在"时间轴"面板 V1 视频轨道"00:00:25:00""00:00:29:00""00:00:30:00""00:00:48:00"位置处单击，将"05.mp4"分割为五部分。

（9）选择时间轴面板 V1 视频轨道"05.mp4"素材第二部分，右击，在弹出的快捷菜单中选择"速度 / 持续时间"命令，弹出"剪辑速度 / 持续时间"对话框，速度设置为 200%，勾选"波纹编辑，移动尾部剪辑"复选框，单击"确定"按钮，如图 3-21 和图 3-22 所示。

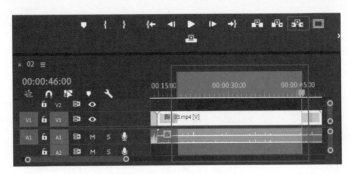

图 3-20　"提取"示意图

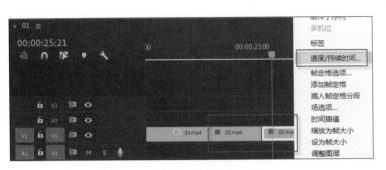

图 3-21　"速度 / 持续时间"设置

图 3-22　快放设置

（10）选择时间轴面板 V1 视频轨道 "05.mp4" 素材第三部分，执行菜单栏 "剪辑→速度 / 持续时间" 命令，在弹出的 "剪辑速度 / 持续时间" 对话框中设置速度为 50%，勾选 "波纹编辑，移动尾部剪辑" 复选框。

（11）选择时间轴面板 V1 视频轨道 "05.mp4" 素材第四部分，执行菜单栏 "编辑→波纹删除" 命令，删除第四部分。具体操作如二维码 3-4 所示。

（12）在 "项目" 面板中将 "06.mp3" 拖至 "时间轴" 面板 A1 音频轨道的起始位置，将鼠标放在音频文件的结束位置，按住鼠标左键，向左拖至视频结束位置，如图 3-23 所示。

二维码 3-4　"05.mp4" 素材处理

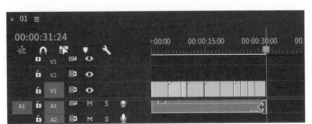

图 3-23　改变音频文件长度

（13）"全民健身" 视频制作完成，保存并导出。

3.2.2　快速删除视频部分片段

在 "节目" 面板中，Premiere Pro 2020 提供了 "提升" [图标] 和 "提取" [图标] 两种功能按钮，用于快速删除序列内的某部分视频片段。

1."提升" 操作

使用 "提升" 操作可以从序列内删除部分视频素材内容，并且删除部分形成一段空白的间隙。在 "时间轴"面板上,为视频将要删除的部分设置入点和出点(出点和入点之间浅蓝色部分即要删除部分),如图 3-24 所示,然后单击"节目"面板下方的"提升"按钮 ，即可删除入点和出点之间的视频浅蓝色片段,删除部位留下一段空白,如图 3-25 所示。

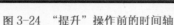

图 3-24 "提升"操作前的时间轴   图 3-25 "提升"操作后的时间轴

2. "提取"操作

"提取"操作可删除序列中入点和出点之间的视频内容,与"提升"操作相同,不同的是删除部分视频内容时不保留空隙,删除部分后面视频会前移填补删除后的空隙,形成连续的视频片段,如图 3-26 所示。

图 3-26 "提取"操作后的时间轴

3.2.3 将素材插入序列

在"源"面板打开素材后可将该素材进行剪辑并将其添加到序列中。这种在序列中导入素材的方式有两种操作,即插入和覆盖。

1. "插入"操作

在序列中若插入素材,需要在"时间轴"面板中定位插入点,将播放指针拖至插入点处,如图 3-27 所示,在"源"面板中打开该素材,单击"源"面板下方的"插入"按钮,插入素材到指定位置,插入点后序列部分将依次后移,如图 3-28 所示。

图 3-27 "插入"操作之前

图 3-28 "插入"操作之后

在序列中若需要插入素材,需在"时间轴"面板中定位插入点,使播放指针停在插入点处,在"源"面板中打开该素材,分别设置入点和出点以选取视频片段,单击"源"面板下方的"插入"按钮,插入素材片段到指定位置，插入点后的序列部分将后移。

2．"覆盖"操作

"覆盖"操作与"插入"操作的共同点都是在序列的插入点处插入素材，不同的是"插入"操作后，原序列中插入点后的视频部分后移，而"覆盖"操作后，原序列中插入点后的视频被替换。

3.2.4   视频倒放与快放

1．视频倒放

选择"时间轴"面板中的视频素材，执行菜单栏"剪辑→速度/持续时间"命令，如图 3-29 所示，打开"剪辑速度/持续时间"对话框，在对话框中勾选"倒放速度"复选框，如图 3-30 所示，单击"确定"按钮，即可使该段视频倒放。

图 3-29   "速度/持续时间"命令　　　　　　　图 3-30   视频倒放设置

2．视频快放

在准备快放的视频片段上右击，在弹出的快捷菜单中选择"速度/持续时间"，如图 3-31 所示，也可打开"剪辑速度/持续时间"对话框，在对话框中修改"速度"选项为 200%，即可把该段视频的播放速度提高一倍，如图 3-32 所示。相反，要想将速度降低到 50%，则应把速度修改为 50%。

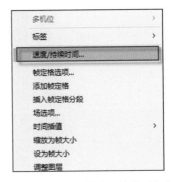

图 3-31   快捷菜单"速度/持续时间"命令　　　　图 3-32   视频快放设置

速度改为 200% 后，若该视频片段后还有视频片段，会在该视频与后面的视频片段间产生空隙，如不想产生空隙，可在"剪辑速度/持续时间"对话框中修改速度的同时勾选"波纹编辑，移动尾部剪辑"复选框。

3.3   制作"繁花似锦"视频

参考二维码 3-5 样张视频效果，利用教材提供的素材（Pr\ 素材 \ 第 3 章 视频编辑基础 \3.3），结合本章所学知识，制作完成"繁花似锦"视频。

二维码 3-5   "繁花似锦"样张视频

第 **4** 章

字 幕 技 术

　　本章主要介绍字幕的创建、编辑和保存，特别是对字幕窗口中的各项功能及使用方法进行详细的介绍。通过学习掌握字幕的三种创建方式——文字工具、新版字幕和旧版标题，并在创建字幕过程中灵活运用。本章所需的素材如二维码 4-1 所示。

学习目标

- ❖ 掌握利用文字工具制作字幕。
- ❖ 掌握开放式字幕的创建。
- ❖ 掌握旧版标题字幕制作方法。
- ❖ 掌握文字属性的设置。
- ❖ 掌握"字幕"编辑面板的应用。

二维码 4-1
第 4 章素材

思政元素

- ❖ 培养学生耐心细致、精益求精的品格。
- ❖ 让学生体会中华文字的独特魅力。

课程思政

　　"为学应须毕生力，攀登贵在少年时。"苏步青教授这句话说明了学无止境，人应该树立终身学习的观念。少年时期是人生学习的黄金时期，自古英雄出少年。

4.1 电影字幕滚动效果

4.1.1 实例内容及操作步骤

运用视频剪辑、文字工具应用及文字属性的设置完成"电影字幕"视频制作,效果如二维码 4-2 所示。

(1)启动 Premiere Pro 2020,新建项目"电影字幕"。

(2)执行菜单栏"文件→新建→序列"命令,新建序列 01,选择"DV-PAL 制式,标准 48kHz"可用预设。

(3)执行菜单栏"文件→导入"命令,弹出"导入"对话框,选择素材文件夹中的"01.mp4"和"03.mp3",单击"打开"按钮,把素材导入"项目"面板中。

(4)在"项目"面板中,选择"01.mp4"将其拖至"时间轴"面板中的 V1 视频轨道初始位置。

(5)在"时间轴"面板选中"01.mp4"文件,在"效果控件"面板中,展开"运动"选项,设置"位置"和"缩放",如图 4-1 所示。

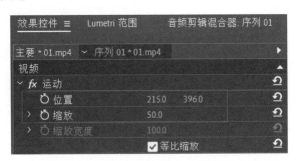

图 4-1 "效果控件"面板

(6)将时间指针定位至"00:00:01:00"位置,打开素材文件夹中的"02.txt",复制所有文字,在"工具"面板中选择文字工具,在"节目"面板中按住鼠标左键拖动,绘制文本框,按 Ctrl+V 快捷键,把文字粘贴到文本框中,即可在"时间轴"的 V2 视频轨道添加字幕素材,如图 4-2 所示。

图 4-2 在"节目"面板添加字幕

(7)在"效果控件"面板中设置字体为 STxingkai,对齐方式为居中对齐,字体大小为 19,如图 4-3 所示。

图 4-3 "效果控件"面板

（8）调整 V2 视频轨道上文字素材的结束时间与素材"01.mp4"一致。在"基本图形"面板中单击编辑按钮，如图 4-4 所示，在箭头所指的长方形空白处单击，切换到如图 4-5 所示界面，勾选"响应式设计–时间"组中的"滚动"选项。滚动字幕的设置过程如二维码 4-3 所示。

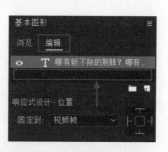

二维码 4-3 滚动字幕设置　图 4-4 "基本图形"面板

二维码 4-4 字体设置　图 4-5 滚动字幕的设置

（9）将时间指针定位至"00:00:01:00"位置，单击 V3 视频轨道，选择"工具"面板中的文字工具，在"节目"面板中单击输入文字"登攀"，设置文字格式如图 4-6 所示，字体为 STXingkai，字体大小为 50，字距调整为 150，仿粗体，外观组中填充色为（255,128,0）、描边色为（255,255,255）、（255,0,0）、（0,0,255），阴影色为（221,217,204）。变换分组中位置设置为（150,140）。将时间指针定位至"00:00:20:00"位置，将 V3 视频轨道字幕结束位置拖至时间指针处，视频预览效果如图 4-7 所示。具体字体设置过程如二维码 4-4 所示。

图 4-6 设置文字格式　　　　　　　　　图 4-7 视频预览效果

（10）在"时间轴"面板选择 A1 音频轨道上的音频，按 Delete 键删除。将"项目"面板中 "03.mp3"拖至"时间轴"面板 A1 音频轨道初始位置，将时间指针定位至"00:00:20:00"位置，利用剃刀工具分割并删除 20 秒后的音频，如图 4-8 所示。

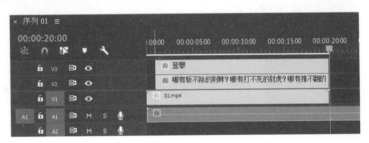

图 4-8 设置时间指针位置

（11）"电影字幕"视频制作完成，保存并导出。

4.1.2 文字工具创建字幕

选择"工具"面板中"文字工具"，如图 4-9 所示，在"节目"面板中单击输入文字，或拖动形成文本框输入段落文字，输入完成后，如图 4-10 所示。在"时间轴"面板中的视频轨道上自动生成一个字幕素材。若选择垂直文字工具，则输入直排文字。

图 4-9 选择文字工具　　　　　　　　　图 4-10 输入文字

4.1.3　设置文字属性

1. "效果控件"面板设置文本属性

选中文字素材，打开"效果控件"面板，在该面板中即可设置文字的属性，如图 4-11 所示。

2. "基本图形"面板设置文本属性

选中文字素材，执行"窗口→基本图形"命令，打开"基本图形"面板，在该面板中设置图形和文字的属性，如图 4-12 所示。

图 4-11　"效果控件"面板

图 4-12　"基本图形"面板

"基本图形"面板有"浏览"和"编辑"两个选项卡，"浏览"选项卡提供一些设定的模板，可将模板直接拖至视频轨道进行应用。"编辑"选项卡分为对齐并变换、文本和外观等属性设置。

4.2　新版字幕——开放式字幕添加

4.2.1　实例内容及操作步骤

运用视频剪辑、开放式字幕的制作及属性的设置、字幕入点出点的调整完成"开放式字幕"视频制作，效果如二维码 4-5 所示。

（1）启动 Premiere Pro 2020，新建项目"开放式字幕"，保存位置自定。

（2）执行菜单栏"文件→新建→序列"命令，新建序列 01，选择"DV-PAL 制式，标准 48kHz"可用预设。

二维码 4-5　"开放式字幕"样张视频

（3）执行菜单栏"文件→导入"命令，弹出"导入"对话框，选择素材文件夹中的"01.wmv"，单击"打开"按钮，把素材导入"项目"面板中。

（4）在"项目"面板中，选择"01.wmv"将其拖至"时间轴"面板中的 V1 视频轨道初始位置。在"效果控件"面板设置视频"01.wmv""缩放"值为 140。

（5）执行菜单栏"文件→新建→字幕"命令，弹出"新建字幕"对话框，在"标准"文本框中选择"开放式字幕"，如图4-13所示，单击"确定"按钮，完成开放式字幕的创建，创建的字幕自动保存在"项目"面板中，如图4-14所示。

图4-13 "新建字幕"对话框　　　　　　　　图4-14 "项目"面板效果

（6）"项目"面板中双击"开放式字幕"文件，打开"字幕"面板，如图4-15所示。

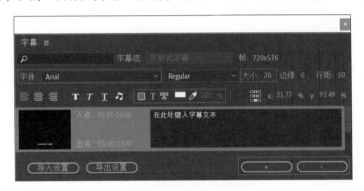

图4-15 "字幕"面板

（7）在字幕文本框中输入"浩荡东海"，分别设置"浩荡东海"的入点和出点为"00:00:01:24"和"00:00:05:15"，文本字体为华文行楷，大小为60，字体颜色为白色，文字边缘为红色，边缘大小为16，文字背景为蓝色，单击"字幕"面板下部的"+"，添加文字"百舸争流"，设置其入点和出点为"00:00:07:05"和"00:00:11:11"，文字属性设置同"浩荡东海"，如图4-16所示，单击"关闭"按钮，关闭"字幕"面板。"字幕"面板设置过程如二维码4-6所示。

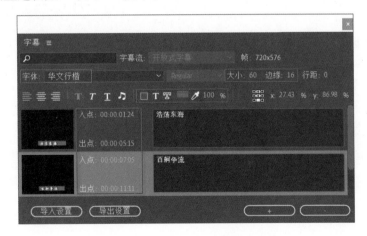

图4-16 开放式字幕属性设置

（8）将在"项目"面板选中编辑完成的字幕拖至"时间轴"面板 V2 视频轨道的起始位置，如图 4-17 所示。

图 4-17　字幕添加到时间轴

（9）"开放式字幕"视频制作完成，保存并导出。

4.2.2　开放式字幕文字属性设置

字幕主要分为隐藏式字幕和开放式字幕两大类。隐藏式字幕通常是由观众来决定是否需要显示字幕，开放式字幕总是可见的。我国的影视节目多采用开放式字幕。

在"字幕"面板中，可以设置文字的字体、样式、颜色、对齐方式、背景颜色、文字位置等。

在"项目"面板中双击创建的开放式字幕，弹出"字幕"面板，选择字幕文本框内的文字，可以设置字幕属性，如图 4-18 所示。"字幕"面板设置效果如二维码 4-6 所示。

图 4-18　文字属性设置

二维码 4-6　"字幕"面板设置

4.2.3　开放式字幕编辑

1. 添加字幕

在"字幕"面板的右下方，单击"+"，即可添加字幕文本框，在文本框中输入文字"千帆竞过"，设置文字格式及其入点和出点，如图 4-19 所示。

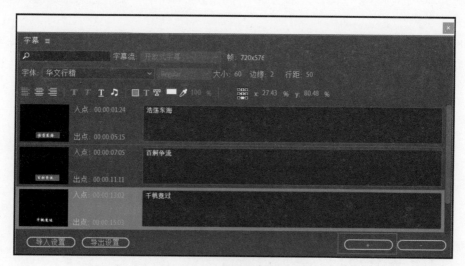

图 4-19　添加字幕文本框

2. 删除字幕

选择要删除的字幕，在"字幕"面板右下角，单击"-"按钮，即可把选中的字幕删除。

3. 编辑字幕播放时间段

修改"字幕"面板的出点和入点，可以编辑字幕的播放时间段，也可以在"时间轴"面板中，用鼠标拖动字幕的入点标记和出点标记，对字幕的播放时间和持续时间进行编辑，如图 4-20 所示，正在修改"百舸争流"字幕的入点。

图 4-20 修改入点位置

4.3 创建旧版标题字幕

4.3.1 实例内容及操作步骤

运用视频剪辑、旧版标题字幕添加及属性设置完成"旧版标题字幕"视频制作，效果如二维码 4-7 所示。

（1）启动 Premiere Pro 2020，新建项目"旧版标题字幕"，保存位置自定。

二维码 4-7 "旧版标题字幕"样张视频

（2）执行菜单栏"文件→新建→序列"命令，新建序列 01，选择"DV-PAL 制式，标准 48kHz"可用预设。

（3）执行菜单栏"文件→导入"命令，弹出"导入"对话框，选择素材文件夹中"01.mp4"和"02.png"，单击"打开"按钮，把素材导入"项目"面板。

（4）在"项目"面板选中"01.mp4"拖至"时间轴"面板 V1 视频轨道起始位置，弹出"剪辑不匹配警告"对话框，选择"保持现有设置"，将"01.mp4"素材导入 V1 视频轨道。

（5）执行"文件→新建→旧版标题"命令，如图 4-21 所示，弹出"新建字幕"对话框，如图 4-22 所示，在对话框中单击"确定"按钮，弹出"字幕"编辑面板，选择"路径文字工具" ，在字幕工作区建立如图 4-23 所示路径。

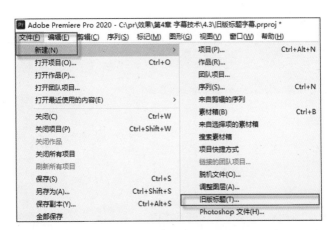

图 4-21 "新建旧版标题"命令

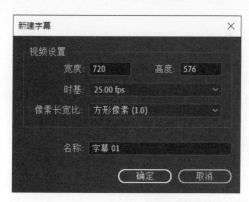

图 4-22 "新建字幕"对话框

图 4-23 建立文字路径

（6）选中"字幕"编辑面板"文字工具" T ，在文字路径上输入文字"旭日东升"，字体华文行楷，大小 81，参数设置和效果如图 4-24 所示。在"旧版标题属性"中设置"四色渐变"填充和"外描边"类型为深度的白色描边，字体改为黑体，参数设置和效果如图 4-25 所示。具体设置过程如二维码 4-8 所示。

图 4-24 字幕属性设置

图 4-25 字幕的填充及描边设置

（7）关闭"字幕"编辑面板，新建的"字幕01"自动保存到"项目"
面板中，用鼠标拖至 V2 视频轨道的起始位置，设置"字幕01"持续时间
为 3 秒。

二维码 4-8 "旭日东升"设置

（8）复制素材文件夹中的"海上日出 .txt"内容，执行"文件→新建→
旧版标题"命令，在弹出的"新建字幕"对话框中单击"确定"按钮，在
弹出的"字幕"编辑面板中选择"垂直文字工具" IT，在字幕工作区单击
鼠标，按 Ctrl+V 快捷键将"海上日出"古诗粘贴到文本框中，为古诗应用"旧版标题样式"中的 Arial
bold purple gradient 样式，修改字体系列为微软雅黑，字号 35，行距 17，字符间距 27，如图 4-26 所示。

4-26 应用旧版标题样式

（9）在"字幕"编辑面板中单击"滚动 / 游动选项"按钮，打开对话框设置参数，如图 4-27 所示。
设置完成，关闭"字幕"编辑面板。

（10）在"时间轴"面板中将时间指针定位至"00:00:01:00"位置，将字幕 02 拖至 V3 视频轨道时间
指针处，时间指针定位至"00:00:15:00"位置，将字幕 02 的结束标志拖至时间指针。

（11）执行"序列→添加轨道"命令，弹出"添加轨道"对话框，参数设置如图 4-28 所示。

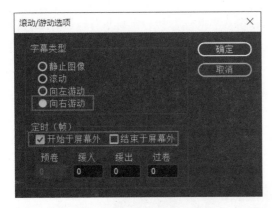

4-27 "滚动 / 游动选项"设置

图 4-28 "添加轨道"对话框

（12）将"项目"面板中的"02.png"拖至"时间轴"面板 V4 视频轨道初始位置处，将时间指针定
位至"00:00:15:00"位置，用鼠标将"02.png"结束标志拖至时间指针处，完成后如图 4-29 所示。选择"时

间轴"面板中的 02.png，打开"效果控件"面板，设置运动选项中的"位置""缩放"和"旋转"参数如图 4-30 所示。

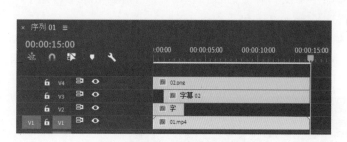

图 4-29 "时间轴"视频轨道

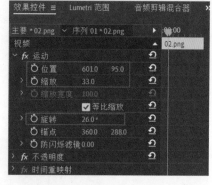

图 4-30 "效果控件"参数设置

（13）"旧版标题字幕"视频制作完成，保存并导出。

4.3.2 字幕编辑面板

依次执行"文件→新建→旧版标题"命令，弹出"新建字幕"对话框，如图 4-31 所示，单击"确定"按钮，弹出"字幕"编辑面板，如图 4-32 所示。

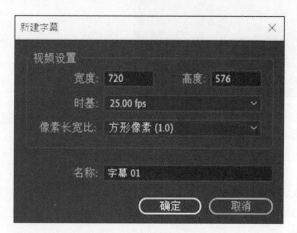

图 4-31 "新建字幕"对话框

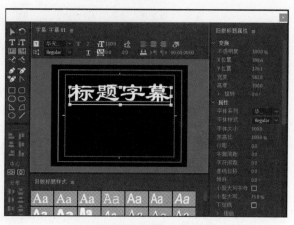

图 4-32 "字幕"编辑面板

在"字幕"编辑面板中，包含字幕属性栏、字幕工具箱、字幕动作栏、字幕工作区、"旧版标题属性"子面板和"旧版标题样式"子面板。在此面板中，不仅可以完成文字的创建、编辑和处理，还可以创建文字效果和各种图形。

4.3.3 字幕属性栏

字幕属性栏主要用于设置字幕的运动类型、字体、字号、字偶间距和行距等，如图 4-33 所示。

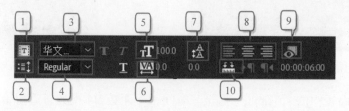

图 4-33 字幕属性栏

（1）"基于当前字幕新建字幕"按钮：单击该按钮，将以当前字幕为基准，创建一个与当前字幕相同的新字幕。

（2）"滚动／游动选项"按钮：单击该按钮，弹出"滚动／游动选项"对话框，设置字幕类型，如图4-34所示。

（3）"字体"列表：设置所选字幕字体。

（4）"字体样式"列表：设置所选字幕样式。

（5）"字体大小"按钮：设置字号大小。

（6）"字偶间距"按钮：设置字符之间的距离。

（7）"行距"按钮：设置文字的行间距。

（8）"对齐"按钮：设置文字的对齐方式，从左到右依次是"左对齐""居中对齐""右对齐"。

（9）"显示背景视频"按钮：显示当前字幕窗口的背景视频，单击后隐藏背景，便于字幕编辑操作。

（10）"制表符"按钮：单击该按钮，弹出"制表位"对话框，如图4-35所示。对话框中各按钮 ↓↓↓ 依次为：左对齐制作符、居中对齐制作符、右对齐制作符。

图4-34 字幕类型设置

图4-35 "制表位"对话框

4.3.4 字幕工具箱

字幕工具箱提供了制作文字和图形的常用工具，如图4-36所示，工具箱的上半部分提供了文字制作工具，下半部分提供了图形制作工具。

（1）选择工具：选择某个对象或文字。选中某个对象后，在对象的周围会出现带有8个控制点的矩形，拖动控制点可以调整对象的大小和位置。

（2）旋转工具：对所选对象进行旋转操作。使用旋转工具时，必须先使用选择工具选中对象，然后再使用旋转工具，单击并按住鼠标拖动即可旋转对象。

（3）文字工具：使用该工具，在字幕工作区中单击，出现文字输入光标，在光标闪烁的位置可以输入文字。另外，使用该工具也可以对输入的文字进行修改。第一个图标为文字工具，第二个图标为垂直文字工具。

（4）区域文字工具：单击该按钮，在字幕工作区中可以拖动出文本框。第一个图标为区域文字工具，第二个图标为垂直区域文字工具。

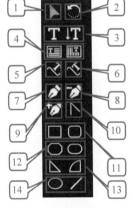

图4-36 字幕工具箱

（5）路径文字工具：该工具可先绘制一条路径，然后输入文字，且输入的文字平行于路径。

（6）垂直路径文字工具：该工具可先绘制一条路径，然后输入文字，且输入的文字垂直于路径。

（7）钢笔工具：创建路径或调整路径。将钢笔工具置于路径的定位点或手柄上，可以调整定位点的位置和路径的形状。

（8）删除锚点工具：在已创建的路径上删除定位点。

（9）添加锚点工具：在已创建的路径上添加定位点。

（10）转换锚点工具：调整路径的形状，将平滑定位点转换为角定位点，或将角定位点转换为平滑定位点。

（11）"矩形"与"圆角矩形"工具：绘制矩形和圆角矩形。

（12）"切角矩形"与"圆角矩形"工具：绘制切角矩形和圆矩形。

（13）"楔形"与"弧形"工具：绘制三角形和扇形。

（14）"椭圆"与"直线"工具：绘制椭圆形和直线。

4.3.5　字幕动作栏

字幕动作栏中的各个按钮主要用于快速地排列或者分布文字，如图 4-37 所示。

1. 对齐组

（1）"水平靠左"按钮🔲：以选中的文字或图形左垂直线为基准对齐。

（2）"垂直靠上"按钮🔲：以选中的文字或图形顶部水平线为基准对齐。

（3）"水平居中"按钮🔲：以选中的文字或图形垂直中心线为基准对齐。

（4）"垂直居中"按钮🔲：以选中的文字或图形水平中心线为基准对齐。

（5）"水平靠右"按钮🔲：以选中的文字或图形右垂直线为基准对齐。

（6）"垂直靠下"按钮🔲：以选中的文字或图形的底部水平线来分布文字或图形。

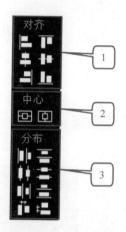

图 4-37　字幕动作栏

2. 中心组

（1）"垂直居中"按钮🔲：使选中的文字或图形在屏幕垂直居中。

（2）"水平居中"按钮🔲：使选中的文字或图形在屏幕水平居中。

3. 分布组

（1）"水平靠左"按钮🔲：以选中的文字或图形的左垂直线来分布文字或图形。

（2）"垂直靠上"按钮🔲：以选中的文字或图形的顶部水平线来分布文字或图形。

（3）"水平居中"按钮🔲：以选中的文字或图形的垂直中心线来分布文字或图形。

（4）"垂直居中"按钮🔲：以选中的文字或图形的水平中心线来分布文字或图形。

（5）"水平靠右"按钮🔲：以选中的文字或图形的右垂直线来分布文字或图形。

（6）"垂直靠下"按钮🔲：以选中的文字或图形的底部水平线来分布文字或图形。

（7）"水平等距间隔"按钮🔲：以屏幕的垂直中心线来分布文字或图形。

（8）"垂直等距间隔"按钮🔲：以屏幕的水平中心线来分布文字或图形。

4.3.6　字幕工作区

字幕工作区是制作字幕和绘制图形的工作区，它位于"字幕"编辑面板的中心，在工作区中有两个白色的矩形线框，其中内线框是字幕安全框，外线框是字幕动作安全框。如果文字或者图像放置在动作安全框之外，那么在一些 NTSC 制式电视中，这部分内容将无法显示完整，即使能够显示，很可能会出现模糊或者变形现象，因此，在创建字幕时最好将文字和图像放置在安全框之内。

如果字幕工作区中没有显示安全区域线框，可以通过以下两种方法显示安全区域线框。

（1）在字幕工作区中右击，在弹出的快捷菜单中选择"视图→安全字幕边距 / 安全动作边距"命令。

（2）单击"字幕"面板左上角的 🔲 按钮，在弹出的快捷菜单中选择"安全字幕边距 / 安全动作边距"命令。

4.3.7　"旧版标题样式"子面板

在 Premiere Pro 2020 中，使用"旧版标题样式"子面板可以制作出令人满意的字幕效果，该面板位于"字幕"编辑面板的中下部，如图 4-38 所示，其中包含各种已经设置好的字体样式，使用时直接单击即可应用在所选文字上。

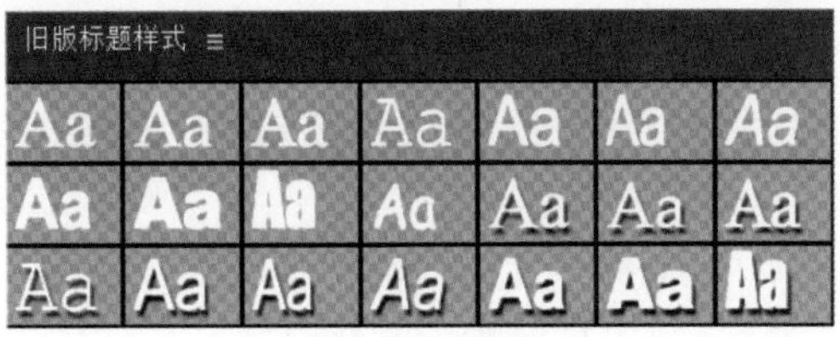

图 4-38　旧版标题样式

4.3.8　"字幕属性"设置子面板

在字幕工作区中输入文字后,可在位于"字幕"编辑面板右侧的"旧版标题属性"子面板中设置文字的具体属性参数, 如图 4-39 所示。"旧版字幕属性"设置子面板分为 6 个部分,分别为变换、属性、填充、描边、阴影、背景,各个部分主要作用如下。

(1)变换:设置字幕的位置、高度、宽度、旋转角度,以及不透明度等相关属性。

(2)属性:设置对象的一些基本属性,如文本的大小、字体、字间距、行间距和字形等。

(3)填充:设置文本或者图形对象的颜色和纹理。

(4)描边:设置文本或者图形对象的边缘,使边缘与文本或者图形主体呈现不同的颜色。

(5)阴影:为文本或者图形对象设置各种阴影属性。

(6)背景:设置字幕的背景色及背景色的各种属性。

4.3.9　创建路径文字

打开"字幕"编辑面板后,在字幕工具箱中选择路径文字工具或者垂直路径文字工具可创建路径文字。

(1)在字幕工具箱中选择"路径文字"工具。

(2)在字幕工作区中鼠标会变成钢笔状,单击会产生一个锚点。

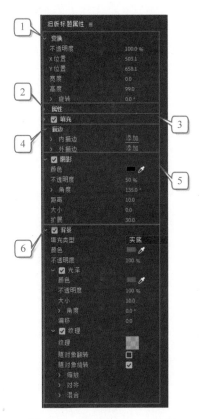

图 4-39　"字幕属性"子面板

(3)将鼠标移动到另一个位置按住鼠标左键并拖动鼠标,此时会出现一条曲线,即文本路径。

(4)选择文字输入工具,在路径上单击并输入文字,如图 4-40 所示。

图 4-40　路径文字效果

4.4 制作"群众休闲运动"的视频字幕

参考二维码 4-9 样张视频效果,利用教材提供的素材(Pr\素材\第 4 章 字幕技术\4.4),或者自行拍摄生活中的精彩图片与视频,结合本章所学知识,制作完成"群众休闲运动视频字幕"。

二维码 4-9 "群众休闲运动视频字幕"样张视频

第 **5** 章

视频过渡效果

视频过渡是在视频素材之间建立丰富多彩的过渡效果，每种过渡效果的控制方式具有很多可调的选项。它可以将所有视频素材有序地连接起来，提升作品的流畅感，使作品的内容更丰富，感染力更强。本章素材如二维码 5-1 所示。

二维码 5-1

第 5 章素材

学习目标

❖ 了解视频过渡效果分类。

❖ 掌握视频过渡效果应用。

❖ 掌握视频过渡效果设置。

思政元素

❖ 通过欣赏盛开的荷花体验自然之美。

❖ 通过视频过渡效果的添加体验视频过渡带给观众的愉悦感。

❖ 体验视频过渡承前启后的丰富感和流畅感。

课程思政

人的一生有不同的阶段，每个阶段都会经历平顺或曲折，但不管怎样，只要保持乐观积极的心态，我们就可以像添加视频过渡效果一样，使其平稳过渡，顺利进入下一阶段。

5.1 "荷花绽放"视频制作

5.1.1 实例内容及操作步骤

运用视频剪辑、视频过渡的应用完成"荷花绽放"视频制作,效果如二维码5-2所示。

（1）启动 Premiere Pro 2020,新建项目"荷花绽放"。

（2）执行菜单栏"文件→新建→序列"命令,新建序列01,选择可用预设中"DV-PAL 制式,标准 48kHz"模式。

二维码 5-2 "荷花绽放"样张视频

（3）执行菜单栏"文件→导入"命令,弹出"导入"对话框,选择素材文件夹中所有素材,导入"项目"面板中。

（4）在"项目"面板中,按住 Ctrl 键,分别单击"01.jpg""02.jpg""03.jpg""04.jpg",选中 4 张素材图片,将其拖至"时间轴"面板 V1 视频轨道初始位置,如图5-1所示。

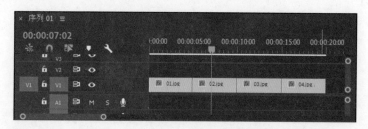

图 5-1 添加素材到 V1 视频轨道

（5）打开"效果"面板,在"效果"面板中依次展开"视频过渡→划像→圆划像",如图5-2所示。

将"圆划像"视频过渡拖至"时间轴"面板"01.jpg"和"02.jpg"之间,在两个素材之间会显示视频过渡的名字,如图5-3所示,预览视频即可看到效果如图5-4所示。

图 5-2 "圆划像"设置

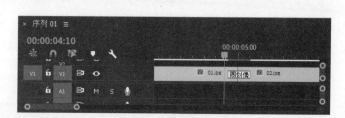

图 5-3 "圆划像"过渡

图 5-4 "圆划像"视频过渡效果

（6）在"效果"面板中依次展开"视频过渡→缩放→交叉缩放",将"交叉缩放"视频过渡拖至"时间轴"面板"02.jpg"和"03.jpg"之间,在两个素材之间会显示过渡的名字,如图5-5所示。预览视频即可看到效果,如图5-6所示。

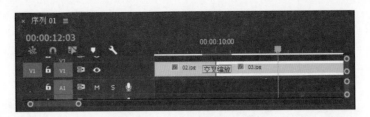

图 5-5 "交叉缩放"过渡

图 5-6 "交叉缩放"效果

（7）在"效果"面板中依次展开"视频过渡→页面剥落"，将"页面剥落"视频过渡拖至"时间轴"面板"03.jpg"和"04.jpg"之间，预览视频即可看到效果，如图 5-7 所示。

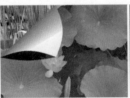

图 5-7 "页面剥落"效果

（8）"荷花绽放"视频制作完成，保存并导出。

5.1.2 视频过渡的种类

Premiere Pro 2020 软件自带的视频过渡共有八类，包括 3D 运动、内滑、划像、擦除、沉浸式视频、溶解、缩放、页面剥落，每一类视频过渡又包括若干种视频过渡。

在两个素材之间添加一种视频过渡后，再添加另外一种视频过渡，后添加的视频过渡会替换前一种视频过渡，视频过渡的特性可通过"效果控件"面板进行设置。

1. 划像

"划像"过渡特效是一个素材以各种方式进入另一个素材的效果，包含交叉划像、圆划像、盒形划像、菱形划像 4 种视频过渡特效，如图 5-8 所示。

图 5-8 "划像"视频过渡特效组

（1）交叉划像：素材 B 以十字形逐渐变大并替换素材 A，如图 5-9 所示。

图 5-9 "交叉划像"效果

（2）圆划像：素材 B 以圆形逐渐变大并替换素材 A，如图 5-10 所示。

图 5-10 "圆划像"过渡效果

（3）盒形划像：素材 B 以矩形逐渐变大并替换素材 A，如图 5-11 所示。

图 5-11 "盒形划像"过渡效果

（4）菱形划像：素材 B 以菱形逐渐变大并替换素材 A，如图 5-12 所示。

图 5-12 "菱形划像"过渡效果

2. 缩放

缩放仅包含"交叉缩放"视频过渡特效,如图 5-13 所示。

图 5-13 "缩放"选项

交叉缩放:素材 A 逐渐放大最后替换为放大的素材 B,放大的素材 B 逐渐缩小到正常,如图 5-14 所示。

图 5-14 "交叉缩放"过渡效果

3. 页面剥落

"页面剥落"视频过渡效果是以纸张翻页效果进行过渡,该过渡特效包含翻页和页面剥落两种视频过渡特效,如图 5-15 所示。

(1)翻页:素材 A 以翻页的方式逐渐退出,显示出素材 B,如图 5-16 所示。　图 5-15 "页面剥落"选项

图 5-16 "翻页"过渡效果

(2)页面剥落:素材 A 以像纸张一样翻面卷起的方式逐渐退出,显示出素材 B,如图 5-17 所示。

图 5-17 "页面剥落"过渡效果

5.2 "美丽中国"视频制作

5.2.1 实例内容及操作步骤

运用视频剪辑和视频过渡特效完成"美丽中国"视频制作,效果如二维码 5-3 所示。

二维码 5-3 "美丽中国"样张视频

(1)启动 Premiere Pro 2020,新建项目"美丽中国"。

(2)执行菜单栏"文件→新建→序列"命令,新建序列 01,选择可用预设中"DV-PAL 制式,标准 48kHz"模式。

(3)执行菜单栏"文件→导入"命令,弹出"导入"对话框,选择素材文件夹中所有素材,导入"项目"面板中。

(4)在"项目"面板中,按住 Ctrl 键,分别单击"01.jpg""02.mp4""03.mp4""04.mp4",选中 4 个素材,将其拖至"时间轴"面板 V1 视频轨道上。

(5)导入的素材图片大小与帧大小不匹配,在"时间轴"面板,按住 Shift 键依次单击 4 个素材,右击,在弹出的快捷菜单中执行"缩放为帧大小"命令,完成后效果如图 5-18 所示。

(6)打开"效果"面板,选择"视频过渡→ 3D 运动→翻转"视频过渡,如图 5-19 所示。

图 5-18 执行"缩放为帧大小"命令后效果

图 5-19 "翻转"视频过渡

将"翻转"过渡特效拖至"时间轴"面板"01.jpg"和"02.mp4"之间,在两个素材之间会显示过渡的名字,如图 5-20 所示。预览视频即可看到效果。

(7)双击"时间轴"面板的视频过渡名称,打开"设置过渡持续时间"对话框,如图 5-21 所示,在该对话框中设置过渡持续时间为 2 秒,单击"确定"按钮即可。

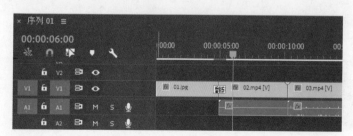

图 5-20 添加"翻转"过渡

图 5-21 "设置过渡持续时间"对话框

（8）打开"效果控件"面板，如图 5-22 所示，进行过渡效果参数设置，勾选"效果控件"面板中的"显示实际源"选项，如图 5-23 所示，面板中会显示视频影像，代替刚刚显示的"A"和"B"。

图 5-22　"效果控件"面板

图 5-23　"显示实际源"选项

单击"效果控件"面板中的"自定义"按钮，打开"翻转设置"对话框，如图 5-24 所示，将"带"由默认值"1"修改为"2"，过渡时会将素材横向切成 2 份，同时应用"翻转"过渡效果。"填充颜色"默认是灰色，该颜色是过渡时视频内无素材的区域颜色，单击"填充颜色"后的灰色块，打开"拾色器"对话框，设置 RGB 为（12,32,135），如图 5-25 所示，单击"确定"按钮，完成设置。

图 5-24　"翻转设置"对话框

图 5-25　"拾色器"对话框

视频过渡参数设置后执行的效果如图 5-26 所示。

图 5-26　视频过渡参数设置后的效果

（9）在"效果"面板中依次展开"视频过渡→内滑→中心拆分"，将"中心拆分"过渡拖至"时间轴"面板"02.mp4"和"03.mp4"素材之间，如图 5-27 所示。在两个素材之间显示视频过渡的名字，预览视频即可看到效果。

图 5-27　添加"中心拆分"过渡

单击"时间轴"面板上的"中心拆分"，打开"效果控件"面板，如图 5-28 所示，切换到视频过渡效果参数设置区域，设置对齐方式为"终点切入"。

图 5-28　"效果控件"面板

视频过渡参数设置后的效果如图 5-29 所示。

图 5-29　视频过渡参数设置后的效果

（10）在"效果"面板中依次展开"视频过渡→擦除→双侧平推门"，将"双侧平推门"过渡拖至"时间轴"面板"03.mp3"和"04.mp4"之间，如图 5-30 所示。在两个素材之间显示视频过渡的名字，预览视频即可看到效果。

（11）单击"时间轴"面板上"双侧平推门"过渡，打开"效果控件"面板，如图 5-31 所示，设置对齐方式为"起点切入"。设置"边框宽度"为"4.0"，"边框颜色"为"红色"。

图 5-30 添加"双侧平推门"过渡   图 5-31 "效果控件"面板

视频过渡参数设置后效果如图 5-32 所示。视频过渡参数具体设置过程如二维码 5-4 所示。

图 5-32 视频过渡参数设置后的效果

（12）"美丽中国"视频制作完成，保存并导出。

5.2.2 3D 运动

"3D 运动"过渡特效主要通过模拟三维空间中的运动来产生过渡效果，二维码 5-4 视频过渡参数设置
包含立方体旋转和翻转两种视频过渡特效，如图 5-33 所示。

（1）立方体旋转：素材 A 和素材 B 如同立方体的两个面一样过渡转换，效果如图 5-34 所示。

图 5-33 "3D 运动"过渡特效组   图 5-34 "立方体旋转"过渡效果

（2）翻转：素材 A 翻转到素材 B，如图 5-35 所示。

5.2.3 内滑

"内滑"过渡特效是一个素材以条状或块状滑动来覆盖另一个素材，包含中心拆分、内滑、带状内滑、

拆分和推 5 种视频过渡特效，如图 5-36 所示。

图 5-35　"翻转"过渡效果　　　　　　　　　　　　图 5-36　"内滑"过渡特效组

（1）中心拆分：素材 A 从中心分裂为 4 块，从中心滑动到角落并显示素材 B，效果如图 5-37 所示。

图 5-37　"中心拆分"过渡效果

（2）内滑：素材 B 滑动到素材 A 上面显示，效果如图 5-38 所示。

图 5-38　"内滑"过渡效果

（3）带状内滑：素材 B 以条状进入，逐渐覆盖素材 A，效果如图 5-39 所示。

图 5-39　"带状内滑"过渡效果

（4）拆分：素材 A 从中心线分开移出画面，显示出素材 B，效果如图 5-40 所示。

图 5-40 "拆分"过渡效果

（5）推：素材 B 将素材 A 推出画面，效果如图 5-41 所示。

图 5-41 "推"过渡效果

5.2.4 擦除

"擦除"过渡特效是将一个素材以不同的方式擦除并显示另一个素材，包括划出、双侧平推门、带状擦除、径向擦除、插入、时钟式擦除、棋盘、棋盘擦除、楔形擦除、水波块、油漆飞溅、渐变擦除、百叶窗、螺旋框、随机块、随机擦除和风车 17 种视频过渡特效，如图 5-42 所示。

图 5-42 "擦除"视频过渡特效组

（1）划出：移动擦除素材 A 并显示素材 B，如图 5-43 所示。

图 5-43　"划出"过渡效果

（2）双侧平推门：素材 A 以中心开门的方式擦除，并显示素材 B，如图 5-44 所示。

图 5-44　"双侧平推门"过渡效果

（3）带状擦除：素材 A 以条状水平擦除，并显示素材 B，如图 5-45 所示。

图 5-45　"带状擦除"过渡效果

（4）径向擦除：素材 B 以画面的一角扫入并逐渐擦除素材 A，如图 5-46 所示。

图 5-46　"径向擦除"过渡效果

（5）插入：素材 B 从画面的左上角插入并替换素材 A，如图 5-47 所示。

图 5-47 "插入" 过渡效果

（6）时钟式擦除：素材 A 以时钟指针划过钟面的方式过渡到素材 B，如图 5-48 所示。

图 5-48 "时钟式擦除" 过渡效果

（7）棋盘：素材 B 以棋盘的方式擦除素材 A，如图 5-49 所示。

图 5-49 "棋盘" 过渡效果

（8）棋盘擦除：素材 B 以方格的形式从左侧逐渐擦除并替换素材 A，如图 5-50 所示。

图 5-50 "棋盘擦除" 过渡效果

（9）楔形擦除：素材 B 以扇形擦除素材 A 并替换，如图 5-51 所示。

图 5-51 "楔形擦除"过渡效果

（10）水波块：素材 B 沿"Z"字形交错擦除素材 A 并替换，如图 5-52 所示。

图 5-52 "水波块"过渡效果

（11）油漆飞溅：素材 B 以油漆泼溅的形式逐渐覆盖素材 A，如图 5-53 所示。

图 5-53 "油漆飞溅"过渡效果

（12）渐变擦除：以某一图像的灰度级作为条件将素材 A 逐渐擦除并显示出素材 B，如图 5-54 和图 5-55 所示。

图 5-54 渐变擦除设置

图 5-55　"渐变擦除"过渡效果

（13）百叶窗：素材 B 以百叶窗的形式擦除素材 A 并替换，如图 5-56 所示。

图 5-56　"百叶窗"过渡效果

（14）螺旋框：素材 B 以螺旋框的方式旋转擦除素材 A 并替换，如图 5-57 所示。

图 5-57　"螺旋框"过渡效果

（15）随机块：素材 B 以方块形式随机出现覆盖素材 A，如图 5-58 所示。

图 5-58　"随机块"过渡效果

（16）随机擦除：素材 B 以随机块的方式由上至下逐渐擦除素材 A 并替换，如图 5-59 所示。

图 5-59　"随机擦除"过渡效果

（17）风车：素材 B 以风车的形式擦除素材 A 并替换，如图 5-60 所示。

图 5-60　"风车"过渡效果

5.2.5　沉浸式视频

　　"沉浸式视频"即 VR 视频，是指观察者视点不变，改变观察方向能够观察周围的全部场景，该过渡特效包含 VR 光圈擦除、VR 光线、VR 渐变擦除、VR 漏光、VR 环形模糊、VR 色度泄漏、VR 随机块和VR 默比乌斯缩放 8 种视频过渡特效，如图 5-61 所示。

　　（1）VR 光圈擦除：素材 B 以逐渐放大的光圈擦除素材 A 并替换，如图 5-62 所示。

图 5-61　"沉浸式视频"过渡特效组

图 5-62　"VR 光圈擦除"过渡效果

　　（2）VR 光线：素材 A 在逐渐增强的光线下慢慢淡化直至消失并显示素材 B，如图 5-63 所示。

图 5-63　"VR 光线"过渡效果

（3）VR 渐变擦除：素材 B 以渐变方式出现并逐渐擦除素材 A，如图 5-64 所示。

图 5-64　"VR 渐变擦除"过渡效果

（4）VR 漏光：素材 A 逐渐变亮后模糊，模糊消失显示素材 B，如图 5-65 所示。

图 5-65　"VR 漏光"过渡效果

（5）VR 环形模糊：素材 A 以球形模糊的形式逐渐淡化并逐渐显示素材 B，如图 5-66 所示。

图 5-66　"VR 环形模糊"过渡效果

（6）VR 色度泄漏：素材 A 以色度泄漏的形式逐渐淡化并逐渐显示素材 B，如图 5-67 所示。

图 5-67 "VR 色度泄漏"过渡效果

（7）VR 随机块：素材 B 以方块的形式随意出现覆盖素材 A，如图 5-68 所示。

图 5-68 "VR 随机块"过渡效果

（8）VR 默比乌斯缩放：素材 B 以默比乌斯缩放的方式逐渐覆盖素材 A，如图 5-69 所示。

图 5-69 "VR 默比乌斯缩放"过渡效果

5.2.6 溶解

"溶解"过渡特效主要表现是一个画面消失，并逐渐显示出另一个画面，包含 MorphCut、交叉溶解、叠加溶解、白场过渡、胶片溶解、非叠加溶解和黑场过渡 7 种视频过渡特效，如图 5-70 所示。

（1）MorphCut：对素材 A、B 进行画面分析，在过渡过程中产生无缝连接的效果，如图 5-71 所示。

图 5-70 "溶解"过渡特效组

图 5-71　"MorphCut"过渡效果

（2）交叉溶解：素材 A 渐隐为素材 B，如图 5-72 所示。

图 5-72　"交叉溶解"过渡效果

（3）叠加溶解：素材 A 以加亮模式渐隐为素材 B，如图 5-73 所示。

图 5-73　"叠加溶解"过渡效果

（4）白场过渡：素材 A 逐渐变白后淡化至消失，并显示出素材 B，如图 5-74 所示。

图 5-74　"白场过渡"过渡效果

（5）胶片溶解：素材 A 以胶片模式渐隐为素材 B，如图 5-75 所示。

图 5-75 "胶片溶解" 过渡效果

（6）非叠加溶解：素材 B 的色相纹理逐渐出现在素材 A 上，如图 5-76 所示。

图 5-76 "非叠加溶解" 过渡效果

（7）黑场过渡：素材 A 以逐渐变黑模式渐隐于素材 B，如图 5-77 所示。

图 5-77 "黑场过渡" 过渡效果

5.3 市民生活

　　参考二维码 5-5 样张视频效果，利用教材提供的素材（Pr\ 素材 \ 第 5 章 视频过渡效果 \5.3），或者利用自己拍摄的生活中图片和视频，结合本章所学知识，制作完成"市民生活"视频。

二维码 5-5 "市民生活" 样张视频

第 6 章

关键帧动画

关键帧动画是视频编辑与处理中比较重要的内容，它为素材添加各种运动效果，增加画面动感和视觉效果。尤其是静态素材，通过设置和添加关键帧，可以在关键帧之间自动生成各种动画，包括位置、缩放、旋转、透明度等。本章主要介绍关键帧的添加设置和关键帧动画的制作。本章所需素材如二维码 6-1 所示。

二维码 6-1
第 6 章素材

学习目标

- ❖ 熟练掌握关键帧的添加和设置。
- ❖ 熟练掌握关键帧动画的制作及复制。
- ❖ 了解关键帧插值及时间重映射的使用。
- ❖ 掌握快速运动效果的修改及添加。

思政元素

- ❖ 通过关键帧的添加，让学生明确关键时间节点的重要性。
- ❖ 通过小球运动轨迹调整，让学生明白要把握好节奏，需要冲刺的时候就快速奔跑，需要思考的时候就缓步慢行，合理规划，才能走得更稳。

课程思政

动画有关键帧，人生有关键点。想要成功，就需要把握人生关键点，在每个重要的关键点上，设置好目标和努力方向，一步一步，生成自己的精彩动画。

6.1 小球的运动

6.1.1 实例内容及操作步骤

运用视频剪辑、关键帧基本操作、动画制作、运动曲线调整和关键帧差值的应用完成"小球的运动"视频制作，效果如二维码 6-2 所示。

二维码 6-2 "小球的运动"样张视频

（1）启动 Premiere Pro 2020，新建项目，名称为"小球的运动"。

（2）在菜单栏中执行"文件→新建→序列"命令，新建序列 01，选择"DV-PAL 制式，标准 48kHz"可用预设。

（3）执行菜单栏"文件→导入"命令，弹出"导入"对话框，选择"6.1"文件夹中的"小球 .psd"，在弹出的对话框中选择导入为"各个图层"，勾选图层 1，单击"确定"按钮，导入"项目"面板中，如图 6-1 所示。

（4）在"项目"面板空白处右击，在弹出的快捷菜单中选择"新建项目→颜色遮罩"，在弹出的"新建颜色遮罩"对话框中选择默认参数，单击"确定"按钮，弹出"拾色器"对话框，选择"白色"，单击"确定"按钮，选择遮罩名称为"颜色遮罩"，即在"项目"面板中创建颜色遮罩，如图 6-2 所示。

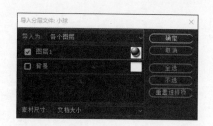

图 6-1 "导入分层文件：小球"对话框

图 6-2 创建颜色遮罩

（5）在"项目"面板中，将"颜色遮罩"拖至"时间轴"面板 V1 视频轨道初始位置。将"图层 1/ 小球 .psd"拖至"时间轴"面板 V2 视频轨道初始位置，如图 6-3 所示。

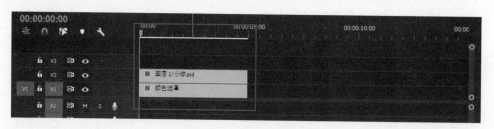

图 6-3 设置素材时间长度

（6）在"时间轴"面板上，将时间指针定位至初始位置，单击"添加标记"按钮 ，在初始位置添加标记。将时间指针定位至"00:00:01:00"位置，单击"添加标记"按钮 ，利用相同方法分别在"00:00:02:00""00:00:03:00""00:00:04:00""00:00:05:00"位置添加标记，如图 6-4 所示。

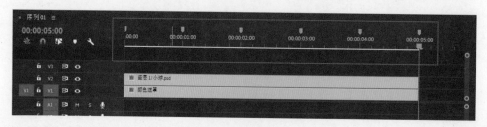

图 6-4 设置标记

（7）在"时间轴"面板中选择 V2 轨道上的"图层 1/ 小球 .psd"素材，在时间标尺上右击，在弹出的快捷菜单中选择"转到入点"命令，将时间指针定位至初始位置，如图 6-5 所示。

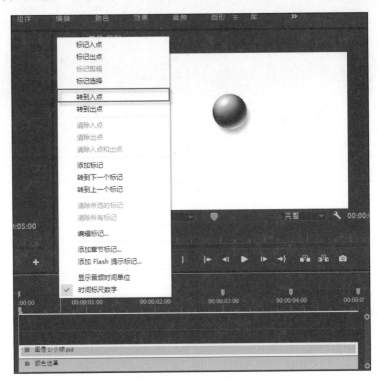

图 6-5　转到入点

（8）打开"效果控件"面板，设置"缩放"值为 60，单击位置前"切换动画"按钮，添加位置关键帧，设置"位置"值为（10，100），如图 6-6 所示。

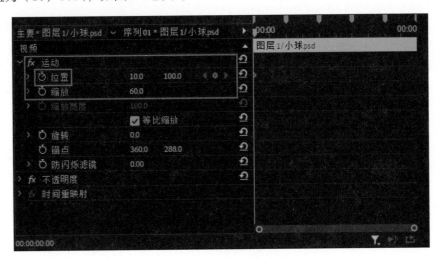

图 6-6　设置关键帧动画

（9）在时间标尺上右击，在弹出的快捷菜单中选择"跳转到下一个标记"命令，添加关键帧，设置"位置"值为（160，580）。利用相同方法分别为后续标记添加关键帧，并设置"位置"值分别为（310，250）、（460，580）、（610，350）、（760，580），如图 6-7 所示。

（10）在"时间轴"面板上，选择 V2 视频轨道的"图层 1/ 小球 .psd"，在"节目"面板上双击小球，可看到小球的运动曲线。在"效果控件"面板，右击第 2 个关键帧，在弹出的快捷菜单中选择"空间插值"为"线性"，设置第 4 个关键帧"空间插值"为线性。小球运动曲线和空间插值线性如图 6-8 和图 6-9 所示。

图 6-7　添加多个关键帧

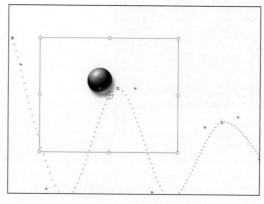

图 6-8　小球的运动曲线

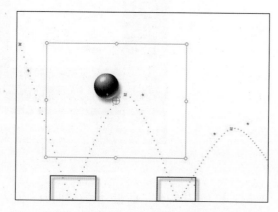

图 6-9　空间插值线性

（11）在"效果控件"面板上，右击第 3 个关键帧，在弹出的快捷菜单中选择"临时插值"为"缓入、缓出"，利用相同的方法设置第 5 个关键帧"临时插值"为"缓入、缓出"，关键帧的添加方法如二维码 6-3 所示，关键帧对比变化如图 6-10 所示。

二维码 6-3　关键帧的添加

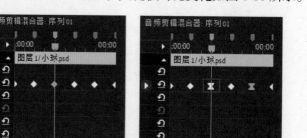

图 6-10　设置缓入、缓出前后小球关键帧变化对比

（12）在"节目"面板上，小球运动的高点旁边有两个手柄，用鼠标拖动手柄，拉长或调整角度，可以调整曲线的弧度，调整前后效果对比如图 6-11 所示。

（13）"小球的运动"视频制作完成，保存并导出。

6.1.2　关键帧的添加和使用

1. 添加关键帧

在"时间轴"面板上选中素材后，打开"效果控件"面板，在"效果控件"面板上单击任意视频效果前"切

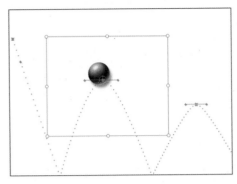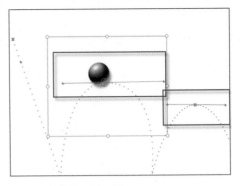

图 6-11　调整前后小球的曲线弧度对比

换动画"按钮 ⏱ ，为素材添加该视频效果的动画。移动"时间指针"到某位置，单击"添加 / 移除关键帧"按钮 ◀ ◇ ▶，即可添加关键帧。

2. 选择关键帧

在"效果控件"面板上，单击关键帧即可选中该关键帧，按住 Ctrl/Shift 快捷键的同时单击多个关键帧，即可选中多个关键帧。

3. 移动关键帧

在"效果控件"面板选择某关键帧后，拖动即可完成该关键帧的移动。

4. 移除或清除关键帧

在"效果控件"面板，移动时间指针到某关键帧处，单击"添加 / 移除关键帧"按钮 ◀ ◇ ▶，即可移除关键帧；选中某关键帧，右击，在弹出的快捷菜单中选择"清除"命令，即可删除关键帧。

5. 复制、粘贴关键帧

在"效果控件"面板选择某关键帧后右击，在弹出的快捷菜单中选择"复制"命令，即可复制关键帧。移动"时间指针"到其他位置，在"效果控件"面板的轨道区域右击，在弹出的快捷菜单中选择"粘贴"，即可粘贴关键帧。

6. 关键帧的插值

在"效果控件"面板上选中某关键帧，右击，在弹出的快捷菜单中可以选择关键帧的插值。关键帧的插值可以分为"空间插值"和"临时插值"。

"空间插值"指空间位置上物体的运动轨迹是直线还是曲线。"空间插值"包括线性、贝塞尔曲线、自动贝塞尔曲线、连续贝塞尔曲线，如图 6-12 所示。

"临时插值"指时间上物体的运动速度是匀速还是变速，包括线性、贝塞尔曲线、自动贝塞尔曲线、连续贝塞尔曲线、定格、缓入、缓出等。通过修改关键帧插值，可更改运动的速度和平滑度，如图 6-13 所示。

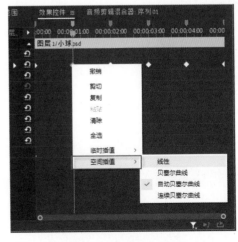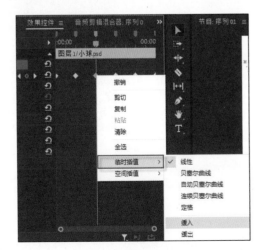

图 6-12　设置空间差值　　　　　　　　　　图 6-13　设置临时插值

7.修改视频运动曲线

在"时间轴"面板上单击选中某素材,打开"效果控件"面板,单击位置前"切换动画"按钮 ,添加位置关键帧。将时间指针定位至初始位置,在"节目"面板双击素材,拖动素材到某位置。将时间指针定位至"00:00:02:00",拖动素材到另一位置,在"效果控件"面板上即可看见在"00:00:02:00"新添加了一个"位置"关键帧,继续将时间指针定位至"00:00:04:00",拖动素材到其他位置,在"00:00:04:00"也自动新添加了一个"位置"关键帧。此时"节目"面板上显示素材的运动曲线,可以通过更改运动曲线锚点上的两个手柄,更改曲线的弯曲效果,如图 6-14 所示。

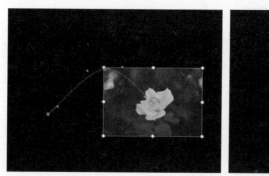

图 6-14　调整运动曲线前后效果对比

6.2　轮播画面——风景如画

6.2.1　实例内容及操作步骤

运用视频剪辑、文字工具、关键帧添加完成"风景如画"视频制作,效果如二维码 6-4 所示。

（1）启动 Premiere Pro 2020,新建项目,名称为"风景如画"。

（2）依次执行菜单栏"文件→新建→序列"命令,新建序列 01,选择"DV-PAL 制式,标准 48kHz"可用预设。

二维码 6-4　"风景如画"样张视频

（3）执行菜单栏"文件→导入"命令,弹出"导入"对话框,选择"6.2"文件夹,单击"导入文件夹"按钮,将"6.2"文件夹导入项目面板中,如图 6-15 所示。

图 6-15　导入文件夹

（4）在"项目"面板中,展开 6.2 文件夹,将视频"背景.mp4"拖至 V1 视频轨道初始位置,并保持现有设置。

（5）选择"工具"面板上的"文字工具",在"节目"面板上单击并输入文字"风景如画"。选中文字,在"效果控件→文本→源文本"中,设置字体为 STXingKai,大小为 130,填充为红色,描边为白色,描边宽度为 6.0，阴影为黑色，不透明度为 75%，其他参数为默认设置。切换至"工具"面板上的"选择工具"，在"节目"面板中移动文字到适当位置，参数设置及效果如图 6-16 所示。

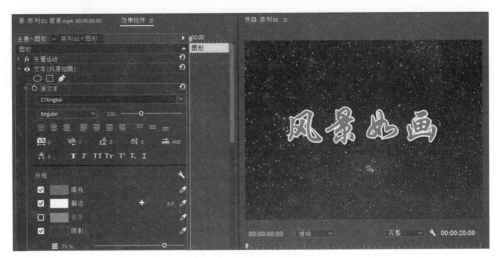

图 6-16　文本设置及效果

（6）在"时间轴"面板上选中"风景如画"文字，将时间指针放置到初始位置，在"效果控件"面板上单击"矢量运动"前面的折叠按钮，添加"位置"关键帧和"缩放"关键帧，设置"位置"值为（0，0），"缩放"值为 5，如图 6-17 所示。

图 6-17　入点处添加关键帧参数设置

（7）在"时间轴"面板上，将时间指针定位至"00:00:02:00"的位置，在"效果控件"面板上添加"位置"关键帧，设置"位置"值为（365，288），添加"缩放"关键帧，设置"缩放"值为 100，如图 6-18 所示。

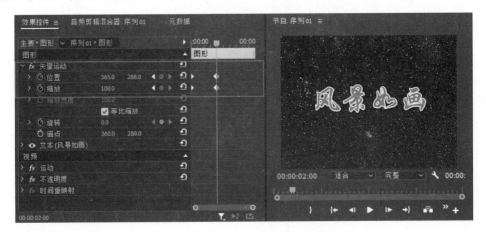

图 6-18　2 秒处添加关键帧参数设置

（8）在"时间轴"面板上，将时间指针定位至"00:00:03:00"的位置，在"效果控件"面板上添加"位置"关键帧和"缩放"关键帧,保持关键帧参数不变。单击旋转前面"切换动画"按钮 ⏱ 添加旋转动画,如图 6-19 所示。

图 6-19　3 秒处添加关键帧参数设置

（9）在"时间轴"面板上,将时间指针定位至"00:00:05:00"的位置,在"效果控件"面板上添加"位置"关键帧,设置"位置"值为（720,0）,添加"缩放"关键帧,设置"缩放"值为 5。添加"旋转"关键帧,设置"旋转"角度值为 360,文字动画效果如图 6-20 所示。文字关键帧的添加及参数设置如二维码 6-5 所示。

二维码 6-5　文字关键帧添加

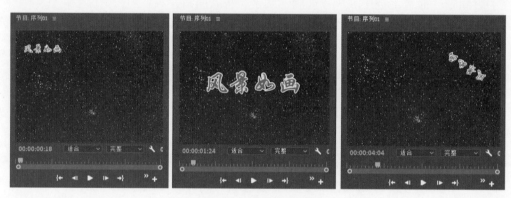

图 6-20　文字动画效果

（10）选择"项目"面板"6.2"文件夹中"1.jpg",将其拖至"时间轴"面板的 V2 视频轨道"00:00:05:00"位置,将"2.jpg"拖至 V3 视频轨道"00:00:07:00"位置,将"3.jpg"拖至 V4 视频轨道"00:00:09:00"位置,将"4.jpg"拖至 V5 视频轨道"00:00:11:00"位置,将"5.jpg"拖至 V6 视频轨道"00:00:13:00"位置,如图 6-21 所示。

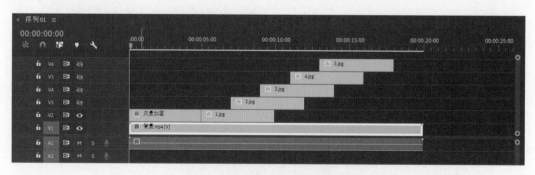

图 6-21　图片放入不同视频轨道效果

（11）在"时间轴"面板上单击 V3 视频轨道前"切换轨道输出"按钮 ◉ ,将该轨道设置为隐藏状态,利用相同方法将 V4、V5、V6 视频轨道隐藏,如图 6-22 所示。

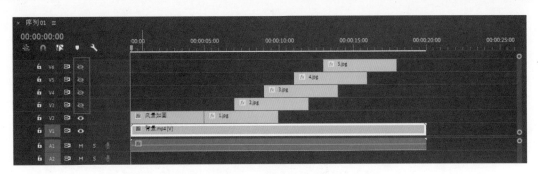

图 6-22　隐藏视频轨道

（12）选择"时间轴"面板 V2 视频轨道上"1.jpg"，将时间指针定位至"00:00:05:00"的位置，打开"效果控件"面板，添加"位置"关键帧，设置"位置"值为（0，288）；添加"缩放"关键帧，设置"缩放"值为 5；添加"不透明度"关键帧，设置"不透明度"值为 50%，如图 6-23 所示。

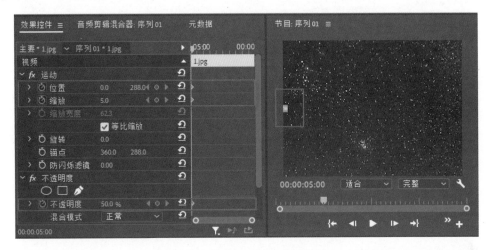

图 6-23　添加关键帧并设置参数 1

（13）将时间指针定位至"00:00:06:00"的位置，打开"效果控件"面板，添加"位置"关键帧，设置"位置"值为（50，288）；添加"缩放"关键帧，设置"缩放"值为 50；添加"不透明度"关键帧，设置"不透明度"值为 100%，如图 6-24 所示。

图 6-24　添加关键帧并设置参数 2

（14）将时间指针定位至"00:00:09:00"的位置，打开"效果控件"面板，添加"位置"关键帧，设置"位置"值为（670，288）；添加"缩放"关键帧，设置"缩放"值为50；添加"不透明度"关键帧，设置"不透明度"值为100%，如图6-25所示。

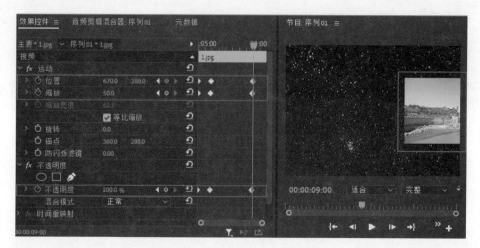

图 6-25　添加关键帧并设置参数 3

（15）将时间指针定位至"00:00:10:00"的位置，打开"效果控件"面板，添加"位置"关键帧，设置"位置"值为（720，288）；添加"缩放"关键帧，设置"缩放"值为5；添加"不透明度"关键帧，设置"不透明度"值为50%，如图6-26所示。

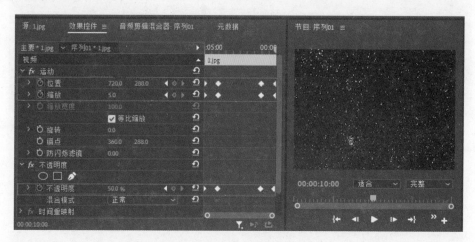

图 6-26　添加关键帧并设置参数 4

（16）在"效果控件"面板上按住 Ctrl 键选中"运动"和"不透明度"，右击，在弹出的快捷菜单中选择"复制"命令，复制关键帧，如图6-27所示。

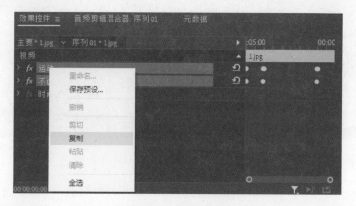

图 6-27　复制关键帧

（17）在"时间轴"面板上，单击 V3~V6 视频轨道前"切换轨道输出"按钮 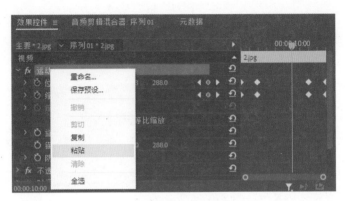 ，将 V3 至 V6 视频轨道设置为显示状态。选择 V2 视频轨道上的"2.jpg"，在"效果控件"面板上右击，在弹出的快捷菜单中选择"粘贴"命令,粘贴关键帧。利用相同方法将复制的关键帧分别粘贴到其他4个视频轨道的素材上，如图 6-28 所示。

图 6-28　粘贴关键帧

（18）在"时间轴"面板上,选中 V1 视频轨道上的"背景 .mp4,调整结束位置与 V6 视频轨道"5.jpg"结束位置一致。

（19）"风景如画"视频制作完成，保存并导出，轮播画面效果如图 6-29 所示。

图 6-29　轮播画面效果

6.2.2　快速添加运动效果

在"时间轴"面板上选中某素材，在"节目"面板上双击，此时所选素材周围出现8个控制柄，拖动控制柄改变素材大小。鼠标指针指向控制柄外侧边缘处，鼠标指针变成弯曲箭头，拖动旋转素材，如图 6-30 所示。

图 6-30　控制柄的使用

6.2.3 时间重映射的使用

"时间重映射"用于修改速度，可以迅速实现加速、减速、倒放、静止效果，迅速使画面产生节奏变化，增加画面的动感。

在"效果控件"面板上，将时间指针定位至初始位置，单击"时间重映射→速度"前面的"切换动画"按钮，添加速度关键帧。在不同的时间位置添加两个关键帧，展开速度前面的折叠项，上下移动两个关键帧之间的直线，即可调整速度，如图 6-31 所示。

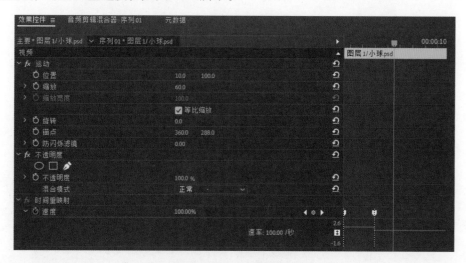

图 6-31 时间重映射调整速度

6.3 操作实例：枫叶飘落

参考二维码 6-6 样张视频效果，利用教材提供的素材（Pr\ 素材 \ 第 6 章 关键帧动画 \6.3），结合本章所学知识，制作完成"枫叶飘落"视频。

二维码 6-6 "枫叶飘落"样张视频

第 7 章

视 频 特 效

Premiere Pro 2020 中拥有大量的视频效果，通过应用这些视频效果，可以调整素材的亮度和颜色，对素材进行扭曲、变形等操作，也可以对素材进行艺术效果的处理，如浮雕效果、马赛克效果等。视频效果添加方法简单、方便还可以多个叠加，即便是初学者，也可以快速掌握，为制作好的视频添加各种视频效果，从而提升视频的品质。本章主要介绍各种视频效果的添加和使用。本章素材如二维码 7-1 所示。

学 习 目 标

❖ 熟练掌握 Lumetri 颜色面板视频效果的添加和参数设置。
❖ 熟练掌握视频效果的添加和使用。
❖ 熟练掌握关键帧与视频效果的结合。

二维码 7-1

第 7 章素材

思 政 元 素

❖ 通过视频效果的添加让学生明白要找到自己的优点，任何人都有闪光点。
❖ 通过水墨山水制作，感受中国传统文化的魅力，提升学生的文化归属感。

课 程 思 政

党的二十大报告指出："大自然是人类赖以生存发展的基本条件。尊重自然、顺应自然、保护自然，是全面建设社会主义现代化国家的内在要求。必须牢固树立和践行绿水青山就是金山银山的理念，站在人与自然和谐共生的高度谋划发展。"

7.1 四季变换

7.1.1 实例内容及操作步骤

运用 Lumetri 颜色、色阶、阴影 / 高光、色彩平衡（HLS）、VR 光圈擦除等视频效果、文字工具、关键帧完成"四季变换"视频制作，效果如二维码 7-2 所示。

（1）启动 Premiere Pro 2020，新建项目，名称为"四季变换"。

（2）执行菜单栏"文件→新建→序列"命令，新建序列 01，选择"DV-PAL 制式，标准 48kHz"可用预设。

二维码 7-2 "四季变换"样张视频

（3）执行菜单栏"文件→导入"命令，弹出"导入"对话框，选择素材文件夹中的"1.mp4"，将其导入"项目"面板中。将"1.mp4"拖至"时间轴面板"V1 视频轨道初始位置，时间长度为默认。

（4）执行菜单栏"窗口→ Lumetri 颜色"命令，在弹出的下拉菜单中勾选 Lumetri 颜色，在界面右侧出现"Lumetri 颜色"面板，如图 7-1 所示。

图 7-1 "Lumetri 颜色"面板

（5）在"时间轴"面板 V1 视频轨道上选择素材"1.mp4"，打开"Lumetri 颜色"面板，选择"基本校正→色调"选项调整颜色，参数设置及效果如图 7-2 所示，"创意"选项调整创意效果，参数设置及效果如图 7-3 所示。

图 7-2 色调调整参数设置及效果

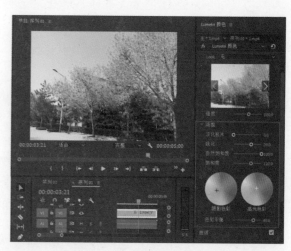

图 7-3 创意调整参数设置及效果

（6）在"Lumetri 颜色"面板中选择"曲线→RGB 曲线"选项，调整 RGB 曲线，红、绿、蓝调整及效果如图 7-4 所示，选择"曲线→色相饱和度曲线"选项，调整色相饱和度曲线，色相饱和度曲线调整及效果如图 7-5 所示。

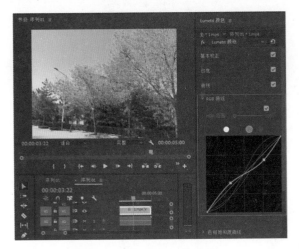
图 7-4　RGB 曲线调整及效果

图 7-5　色相饱和度曲线调整及效果

（7）在"项目"面板中，导入素材文件夹中的"2.mp4""3.mp4""4.mp4"，将"2.mp4"拖至"时间轴"面板的 V1 视频轨道"1.mp4"后。

（8）在"效果"面板中选择"视频效果→颜色校正→亮度与对比度"效果，将其拖至"时间轴"面板 V1 视频轨道"2.mp4"上，打开"效果控件"面板，在"亮度与对比度"组中设置"亮度"值为 0，"对比度"值为 35，参数设置及效果如图 7-6 所示。

图 7-6　亮度与对比度参数设置及效果

（9）选择"视频效果→颜色校正→Lumetri 颜色"效果，将其拖至"时间轴"面板 V1 视频轨道"2.mp4"上。打开"效果控件"面板，选择"Lumetri 颜色"组，单击"自由绘制贝塞尔曲线"按钮，在"节目"面板上单击生成多个锚点形成闭合曲线，通过调整锚点的位置，将画面中岸边树的部分选取出来，效果如图 7-7 所示。

（10）在"效果控件"面板中选择"Lumetri 颜色→基本校正"选项，设置参数及效果如图 7-8 所示。

（11）在"效果控件"面板上选择"Lumetri 颜色→曲线"选项，选择绿色，设置 RGB 曲线如图 7-9 所示。

图 7-7　利用钢笔工具创建选区

图 7-8　基本校正参数设置及效果

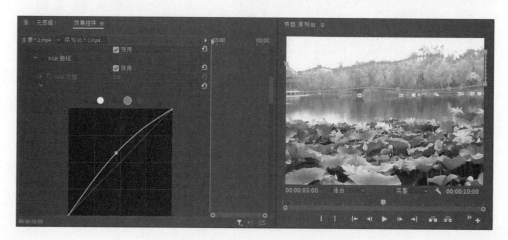

图 7-9　曲线调整及效果

（12）选择"Lumetri 颜色"中的"蒙版"，单击"蒙版路径"前的"切换动画"按钮，在"蒙版路径"中选择向前跟踪所选蒙版，蒙版路径设置及效果如图 7-10所示。蒙板路径的设置方法如二维码 7-3 所示。

二维码 7-3　设置蒙版路径

图 7-10 蒙版路径设置及效果

（13）将"项目"面板中的"3.mp4"拖至"时间轴"面板 V1 视频轨道"00:00:10:00"位置。在
"效果"面板中选择"视频效果→颜色校正→亮度与对比度"效果，将其拖至"时间轴"面板 V1 视频轨
道"3.mp4"上。打开"效果控件"面板，在"亮度与对比度"组中设置"亮度"值为 45，"对比度"值
为 45，参数设置及效果如图 7-11 所示。

图 7-11 亮度与对比度参数设置及效果

（14）在"效果"面板中选择"视频效果→调整→色阶"效果，将其拖至"时间轴"面板 V1 视频轨
道"3.mp4"上。打开"效果控件"面板，设置色阶参数及效果如图 7-12 所示。

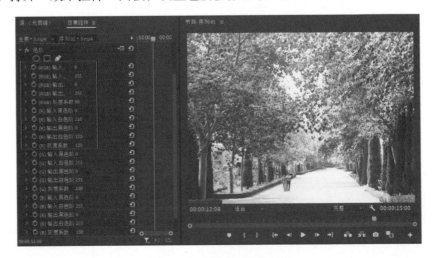

图 7-12 色阶参数设置及效果

（15）将"项目"面板中的"4.mp4"拖至"时间轴"面板 V1 视频轨道"00:00:15:00"位置。在"效

果"面板中选择"视频效果→过时→阴影/高光"效果，将其拖至"时间轴"面板 V1 视频轨道"4.mp4"上。选择"视频效果→过时→自动对比度"效果，将其拖至"时间轴"面板 V1 视频轨道"4.mp4"上。打开"效果控件"面板，在自动对比度组中选择"减少白色像素"，设置值为 10，参数设置及效果如图 7-13 所示。

（16）在"效果"面板中，选择"视频效果→颜色校正→颜色平衡（HLS）"效果，将其拖至"时间轴"面板 V1 视频轨道"4.mp4"上。打开"效果控件"面板，在颜色平衡（HLS）组中选择"饱和度"，设置值为 -10，参数设置及效果如图 7-13 所示。

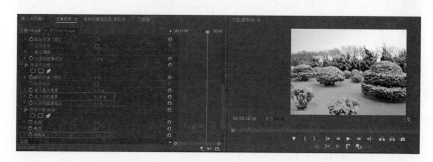

图 7-13　自动对比度和饱和度参数设置及效果

（17）打开"效果"面板，选择"视频过渡→沉浸式视频→ VR 光圈擦除"效果，将其拖至"时间轴"面板 V1 视频轨道的"1.mp4"前，选择"视频过渡→沉浸式视频→ VR 色度泄露"效果，将其拖至"时间轴"面板 V1 视频轨道的"2.mp4、3.mp4、4.mp4"之间，效果如图 7-14 所示。

图 7-14　添加视频过渡

（18）在"时间轴"面板上，将时间指针定位至初始位置，选择"工具"面板上的"文字工具"，在"节目"面板上单击输入文字"春"。打开"效果控件"面板，展开"文本"选项，设置字体为 STXingkai，字体大小为 150，颜色为黑色。切换至"工具"面板上的"选择工具"，在"节目"面板上，将文字移动到适当的位置。文字参数设置及效果如图 7-15 所示。

图 7-15　文字参数设置及效果

（19）在“时间轴”面板“00:00:05:00”“00:00:10:00”“00:00:15:00”的位置上分别输入文字“夏”“秋”“冬”。切换至“工具”面板上的“选择工具”，在“节目”面板上，将文字移动到适当的位置，效果如图7-16所示。

图7-16　添加文字并设置

（20）“四季变换”视频制作完成，保存并导出。

7.1.2　图像控制

“图像控制”效果是对画面的色彩进行调整，包括灰度系数校正、颜色平衡(RGB)、颜色替换、颜色过滤和黑白，如图7-17所示。

图7-17　“图像控制”视频效果选项

（1）灰度系数校正：在不明显改变阴影和高光效果的情况下使画面变亮或者变暗。灰度系数调整前后对比如图7-18所示。

图7-18　灰度系数调整前后对比图

（2）颜色平衡（RGB）：通过改变画面中红色、绿色和蓝色的数值，从而改变画面颜色。颜色平衡（RGB）调整前后对比如图 7-19 所示。

图 7-19　色彩平衡调整前后对比图

（3）颜色替换：将指定颜色替换为新的颜色。其中"相似性"是指颜色的选择范围，数值越大，选择的范围就越大。颜色替换前后对比如图 7-20 所示。

图 7-20　颜色替换前后对比效果图

（4）颜色过滤：将画面转换成灰度，但不包括指定的颜色。颜色过滤前后对比效果如图 7-21 所示。

图 7-21　颜色过滤前后对比效果图

（5）黑白：将彩色画面变成灰度。添加黑白效果前后对比如图 7-22 所示。

7.1.3　调整

"调整"效果是对画面的亮度和色彩进行调整，包括 ProcAmp、光照效果、卷积内核、提取和色阶，如图 7-23 所示。

图 7-22　添加黑白效果前后效果图

图 7-23　"调整"选项

（1）ProcAmp：可以对图像的亮度、对比度、色相和饱和度进行调整。ProcAmp 调整前后对比如图 7-24 所示。

图 7-24　ProcAmp 调整前后对比效果图

（2）光照效果：调整画面的光照环境，可以添加 3 个光照，包括平行光源、全光源和点光源。添加光照效果前后对比如图 7-25 所示。

图 7-25　添加光照效果前后对比效果图

（3）卷积内核：根据卷积的数学运算来调整画面的亮度。添加卷积内核前后对比效果如图 7-26 所示。

图 7-26　添加卷积内核前后对比效果图

（4）提取：将彩色图片转换成黑白灰图片。添加提取效果前后对比如图 7-27 所示。

图 7-27　添加提取效果前后对比效果图

（5）色阶：表示图像亮度强弱的指数标准，即色彩指数，通过调整色阶改变画面的明暗关系。添加色阶调整前后对比效果如图 7-28 所示。

图 7-28　色阶调整前后对比效果图

7.1.4　颜色校正

"颜色校正"效果主要是对画面的颜色进行校正，包括 ASC CDL、Lumetri 颜色、亮度与对比度、保留颜色、均衡、更改为颜色、更改颜色、色彩、视频限制器、通道混合器、颜色平衡、颜色平衡（HLS），如图 7-29 所示。

（1）ASC CDL：通过调整饱和度以及红、绿、蓝三种颜色的斜率、偏移和功率，从而校正画面的颜色。添加 ASC CDL 调整前后对比如图 7-30 所示。

图 7-29 "颜色校正"选项

图 7-30 ASC CDL 调整前后对比效果图

（2）Lumetri 颜色：具有强大的调色功能，是目前最主要的调色控件，包括基本校正、创意、曲线、色轮和匹配、HSL 辅助、晕影等调整模块。添加 Lumetri 颜色调整前后对比如图 7-31 所示。

图 7-31 Lumetri 颜色调整前后对比效果图

（3）亮度与对比度：用于改变亮度和对比度。添加调整亮度与对比度前后对比如图 7-32 所示。

图 7-32 调整亮度与对比度前后对比效果图

（4）保留颜色：又称"分色"，即将画面上的指定颜色保留，将其他颜色变成黑白。添加保留颜色前后对比如图 7-33 所示。

图 7-33　保留颜色前后对比效果图

（5）均衡：通过 RGB、亮度、Photoshop 样式 3 种均衡方式，均化画面的亮度。添加使用均衡效果前后对比如图 7-34 所示。

图 7-34　均衡效果前后对比效果图

（6）更改为颜色：将画面中的指定颜色替换成另一种颜色。使用更改为颜色前后对比如图 7-35 所示。

图 7-35　更改为颜色前后对比效果图

（7）更改颜色：调整色相、亮度或饱和度，从而改变指定的颜色。使用更改颜色前后效果对比如图 7-36 所示。

（8）色彩：通过指定颜色对画面中的色彩进行映射处理。使用色彩前后效果对比如图 7-37 所示。

（9）视频限制器：对画面的色彩和亮度进行限制，使其符合视频标准，可以在正常范围内显示。

（10）通道混合器：通过修改通道的颜色来改变整个画面的颜色。使用通道混合器前后效果对比如图 7-38 所示。

图 7-36　更改颜色前后对比效果图

图 7-37　色彩前后对比效果图

图 7-38　使用通道混合器前后对比效果图

（11）颜色平衡：通过调整红、绿、蓝的数值改变画面的色彩，参数设置如图 7-39 所示。

图 7-39　颜色平衡参数设置

（12）颜色平衡（HLS）：通过调整色相、亮度、饱和度改变画面的色彩，参数设置如图 7-40 所示。

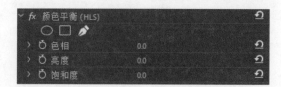

图 7-40　颜色平衡(HLS)参数设置

7.1.5　过时

"过时"效果是对画面的亮度和色彩进行调整，包括 RGB 曲线、RGB 颜色校正器、三向颜色校正器、亮度曲线、亮度校正器、快速模糊、快速颜色校正器、自动对比度、自动色阶、自动颜色、视频限幅器 (旧版)、阴影 / 高光，如图 7-41 所示。

图 7-41　"过时"选项

（1）RGB 曲线：主要通过调整红、绿和蓝通道中的曲线，改变图像的色彩，参数设置如图 7-42 所示。

（2）三向颜色校正器：对画面颜色进行校正，能校正偏色的画面，参数设置如图 7-43 所示。

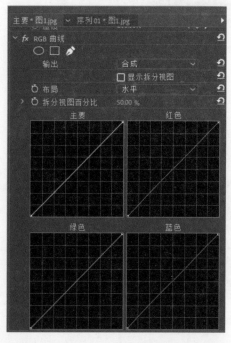

图 7-42　RGB 曲线

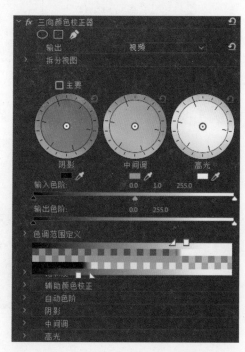

图 7-43　三向颜色校正器参数设置

（3）RGB 颜色校正器：对画面颜色进行校正，能校正偏色的画面，参数设置如图 7-44 所示。

（4）亮度曲线：通过调整曲线改变画面的亮度，参数设置如图 7-45 所示。

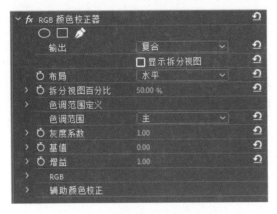

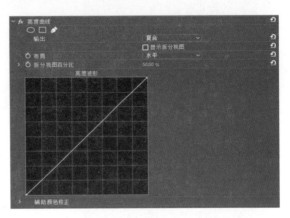

图 7-44　RGB 颜色校正器参数设置　　　　　　　图 7-45　亮度曲线参数设置

（5）亮度校正器：通过对亮度、对比度等参数的调整，校正画面的亮度。亮度校正前后对比效果如图 7-46 所示。

图 7-46　亮度校正前后对比效果图

（6）快速模糊：使画面在整体、水平或垂直方向上快速由清晰变为不清晰。快速模糊前后对比效果如图 7-47 所示。

图 7-47　快速模糊前后对比效果图

（7）快速颜色校正器：快速对画面的颜色进行校正，参数设置如图 7-48 所示。

（8）自动色阶：自动调整画面的暗亮部和暗部。

（9）自动颜色：自动调整画面的颜色。

（10）视频限幅器：通过调整最大值和最小值，对画面的颜色进行限辐调整，参数设置如图 7-49 所示。

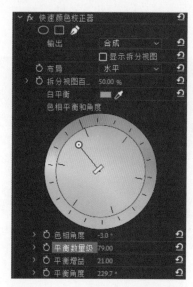

图 7-48　快速颜色校正器参数设置

图 7-49　视频限幅器（旧版）参数设置

（11）阴影 / 高光：可调整画面中的阴影区域和高光区域。调整阴影 / 高光前后对比效果如图 7-50 所示。

图 7-50　调整阴影 / 高光前后对比效果图

7.2　秋　韵

7.2.1　实例内容及操作步骤

运用扭曲、裁剪、光照效果、亮度校正器、更改颜色、镜头光晕等视频效果、竖排文字工具、关键帧完成"秋韵"视频制作，效果如二维码 7-4 所示。

（1）启动 Premiere Pro 2020，新建项目，名称为"秋韵"。

（2）执行菜单栏"文件→新建→序列"命令，新建序列 01，选择　二维码 7-4　"秋韵"样张视频 "DV-PAL 制式，标准 48kHz"可用预设。

（3）执行菜单栏"文件→导入"命令，弹出"导入"对话框，选择"7.2"文件夹，并单击"导入文件夹"按钮，将"7.2"文件夹导入"项目"面板中。

（4）在"项目"面板中，展开"7.2"文件夹，将图像"1.jpg"拖至"时间轴"面板 V1 视频轨道初始位置。打开"效果"面板，选择"视频效果→扭曲→镜像"效果，将其拖至"时间轴"面板 V1 视频轨道"1.jpg"上。

（5）打开"效果控件"面板，在"效果控件"面板中设置"镜像"选项"反射角度"值为90°，"反射中心"值为（720，320），参数设置及效果如图7-51所示。

图7-51 镜像参数设置及效果

（6）在"项目"面板中，将"2.jpg"拖至"时间轴"面板V2视频轨道初始位置。打开"效果"面板，选择"视频效果→变换→裁剪"效果，将其拖至"时间轴"面板V2视频轨道"2.jpg"上。打开"效果控件"面板，设置"不透明度"值为60%，"裁剪"顶部数值为51%，参数设置及效果如图7-52所示。

图7-52 裁剪参数设置及效果

（7）打开"效果"面板，选择"视频效果→调整→光照效果"，将其拖至"时间轴"面板V2视频轨道"2.jpg"上。在"效果控件"面板"光照效果"选项中选择光照1，设置参数，"光照类型"为点光源，"中央"值为（500，300），"角度"值为310°，"强度"值为32，参数设置及效果如图7-53所示。

（8）在"效果"面板中选择"视频效果→过时→亮度校正器"效果，将其拖至"时间轴"面板V1视频轨道"1.jpg"上。在"效果控件"面板"亮度校正器"选项中设置"亮度"值为40，"对比度"值为33，"对比度级别"为1，参数设置及效果如图7-54所示。水面倒影的添加及设置方法如二维码7-5所示。

二维码7-5 水面倒影添加及设置

（9）在"效果"面板中选择"视频效果→颜色校正→更改颜色"效果，将其拖至"时间轴"面板V1视频轨道"1.jpg"上。在"效果控件"面板"更改颜色"选项中设置"色相变换"值为-100，"亮度变换"值为12，"饱和度变换"值为78，"要更改的颜色"为绿色,"匹配容差"值为16%,"匹配柔和度"值为9%,参数设置及效果如图7-55所示。

图7-53　光照效果参数设置及效果

图7-54　亮度矫正器参数设置及效果

图7-55　更改颜色参数设置及效果

（10）在"效果"面板中选择"视频效果→生成→镜头光晕"效果,将其拖至"时间轴"面板V1视频轨道"1.jpg"上。在"效果控件"面板"镜头光晕"选项中设置"光晕中心"值为（580,100）,"光晕亮度"值为120%,参数设置及效果如图7-56所示。

图 7-56　镜头光晕参数设置及效果

（11）鼠标长按"工具"面板上的文字工具，在弹出的快捷菜单中选择"竖排文字工具"，在"节目"面板上单击并输入文字"秋韵"。在"时间轴"面板上选中文字素材，拖至 V3 视频轨道初始位置，在"效果控件"面板"文本"组中，设置字体为 KaiTi，字体大小为 130，填充为白色，描边为橙色，描边宽度为 10，参数设置及效果如图 7-57 所示。

图 7-57　添加文本参数设置及效果

（12）在"效果"面板中选择"视频效果→过渡→线性擦除"效果，将其拖至"时间轴"面板 V3 视频轨道的文字"秋韵"上。在"效果控件"面板中选择"线性擦除"选项，设置"擦除角度"为 -67°，将时间指针定位至初始位置，单击过渡完成前面的"切换动画"按钮 ⊙ ，添加"过渡完成"动画，设置"过渡完成"值为 100%。将时间指针定位至"00:00:02:00"的位置，添加关键帧，设置"过渡完成"值为 0，参数设置及效果如图 7-58 所示。

（13）"秋韵"视频制作完成，保存并导出。

7.2.2　变换

"变换"效果用于改变画面的大小、方向和显示比例，包括垂直翻转、水平翻转、羽化边缘、自动重构和裁剪，如图 7-59 所示。

图 7-58　线性擦除参数设置及效果

图 7-59　"变换"选项

（1）垂直翻转：使画面产生垂直翻转效果。

（2）水平翻转：使画面产生水平翻转效果。

（3）羽化边缘：对图像画面边缘进行羽化模糊处理，如图 7-60 所示。

（4）自动重构：对画面或整个序列重新构图，根据不同平台需求调整画面的比例。

（5）裁剪：调整画面边缘，改变画面大小，如图 7-61 所示。

图 7-60　羽化边缘效果

图 7-61　裁剪效果

7.2.3　生成

"生成"效果用于改变画面的呈现效果，包括书写、单元格图案、吸管填充、四色渐变、圆形、棋盘、椭圆、油漆桶、渐变、网格、镜头光晕、闪电，如图 7-62 所示。

（1）书写：可产生画笔逐笔描绘的动态书写效果。

（2）单元格图案：可生成不规则的随机单元格图案，如图 7-63 所示。

图 7-62　"生成"选项

（3）吸管填充：将吸取的颜色与原画面颜色进行混合。

（4）四色渐变：可在画面上添加四种渐变颜色，并通过改变混合模式与原画面混合，如图 7-64 所示。

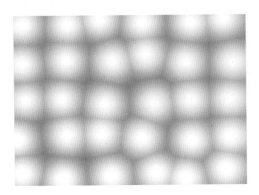

图 7-63　单元格图案效果

图 7-64　四色渐变效果

（5）圆形：创建实心圆或圆环，并通过调整混合模式与原画面混合，如图 7-65 所示。

（6）棋盘：在画面上创建棋盘图案，并通过调整混合模式与原画面混合，如图 7-66 所示。

图 7-65　添加圆形效果

图 7-66　添加棋盘效果

（7）椭圆：创建椭圆或圆环，如图 7-67 所示。

（8）油漆桶：将吸取或指定的颜色按照容差值填充到原画面上，如图 7-68 所示。

图 7-67　添加椭圆效果

图 7-68　添加油漆桶效果

（9）渐变：在画面上添加线性或径向的渐变效果，如图 7-69 所示。

（10）网格：创建网格，并通过调整混合模式与原画面混合，如图 7-70 所示。

图 7-69 添加渐变效果

图 7-70 添加网格效果

（11）镜头光晕：模拟强光透过摄像机镜头时产生的光晕效果，如图 7-71 所示。

（12）闪电：创建闪电或者其他类似闪电的视觉效果，如图 7-72 所示。

图 7-71 添加镜头光晕效果

图 7-72 添加闪电效果

7.2.4 扭曲

"扭曲"效果用于修复画面或使画面产生特殊效果，包括偏移、变形稳定器、变换、放大、旋转扭曲、果冻效应修复、波形变形、湍流置换、球面化、边角定位、镜像、镜头扭曲，如图 7-73 所示。

图 7-73 "扭曲"选项

（1）偏移：图像可进行水平和垂直方向的位移，设置后效果如图 7-74 所示。

（2）变形稳定器：消除因摄像机移动造成的画面抖动。

（3）变换：使画面产生缩放、倾斜、旋转等变换效果，类似运动效果，设置后的效果如图 7-75 所示。

图 7-74 添加偏移效果

图 7-75 添加变换效果

（4）放大：将图像的局部放大，产生类似放大镜的效果，设置后效果如图 7-76 所示。

（5）旋转扭曲：使画面呈现旋涡变形的效果，设置后效果如图 7-77 所示。

图 7-76　添加放大效果　　　　　　　　　　图 7-77　添加旋转扭曲效果

（6）果冻效应修复：用来修复拍摄时产生的像果冻一样的变形和扭曲现象。

（7）波形变形：使画面产生波形弯曲的效果，设置后效果如图 7-78 所示。

（8）湍流置换：使画面呈现随机的不规则扭曲，设置后效果如图 7-79 所示。

图 7-78　添加波形变形效果　　　　　　　　图 7-79　添加湍流置换效果

（9）球面化：使画面呈现球面变形效果，设置后效果如图 7-80 所示。

（10）边角定位：通过改变画面四个角点的位置，从而使图像变形，设置后效果如图 7-81 所示。

图 7-80　添加球面化效果　　　　　　　　　图 7-81　添加边角定位效果

（11）镜像：沿着某一条线，呈现出一个原物体在平面镜中反射出来的虚像效果，设置后效果如图 7-82 所示。

（12）镜头扭曲：模拟镜头呈现出扭曲变形效果，设置后效果如图 7-83 所示。

图 7-82　添加镜像效果

图 7-83　添加镜头扭曲效果

7.3　水　墨　山　水

7.3.1　实例内容及操作步骤

运用黑白、查找边缘、色彩平衡（RGB）视频效果的添加和使用、文字工具、关键帧完成"水墨山水"视频制作，效果如二维码 7-6 所示。

二维码 7-6　"水墨山水"样张视频

（1）启动 Premiere Pro 2020，新建项目，名称为"水墨山水"。

（2）执行菜单栏"文件→新建→序列"命令，新建序列 01，选择"DV-PAL 制式，标准 48kHz"可用预设。

（3）执行菜单栏"文件→导入"命令，弹出"导入"对话框，选择"7.3"文件夹，单击"导入文件夹"按钮，将"7.3"文件夹导入项目面板中。

（4）在"项目"面板中，展开"7.3"文件夹，将"图 1.jpg"拖至"时间轴"面板 V1 视频轨道初始位置。在"时间轴"面板上选择 V1 视频轨道"图 1.jpg"，打开"效果控件"面板，设置"缩放"为 85。

（5）在"效果"面板中选择"视频效果→图像控制→黑白"效果，将其拖至"时间轴"面板 V1 视频轨道中的"图 1.jpg"上，效果如图 7-84 所示。

图 7-84　黑白效果参数设置

（6）在"效果"面板中选择"视频效果→风格化→查找边缘"命令，将其拖至"时间轴"面板 V1 视频轨道"图 1.jpg"上。在"效果控件"面板中设置"查找边缘"选项与原始图像混合值为 40，参数设置及效果如图 7-85 所示。

图 7-85　查找边缘参数设置及效果

（7）在"效果"面板中选择"视频效果→颜色校正→亮度与对比度"效果，将其拖至"时间轴"面板 V1 视频轨道"图 1.jpg"上。在"效果控件"面板中设置"亮度与对比度"选项，"亮度"值为 –80，"对比度"值为 40，参数设置及效果如图 7-86 所示。

图 7-86　亮度与对比度参数设置及效果

（8）在"效果"面板中选择"视频效果→杂色与颗粒→杂色"效果，将其拖至"时间轴"面板 V1 视频轨道中的"图 1.jpg"上。打开"效果控件"面板，设置"杂色"选项，"杂色数量"值为 24%。

（9）在"效果"面板中选择"视频效果→模糊与锐化→高斯模糊"效果，将其拖至"时间轴"面板 V1 视频轨道中的"图 1.jpg"上。打开"效果控件"面板，设置"高斯模糊"选项，"模糊度"值为 5，如图 7-87 所示。水墨效果的设置方法如二维码 7-7 所示。

二维码 7-7　水墨效果设置

（10）在"项目"面板中，将"图 2.jpg"拖至"时间轴"面板 V1 视频轨道"图 1.jpg"之后。在"时间轴"面板上选择"图 2.jpg"，打开"效果控件"面板，设置"位置"值为（378，288），"缩放"值为 88。

（11）在"时间轴"面板 V1 视频轨道上选择"图 1.jpg"，打开"效果控件"面板，按住 Ctrl 键同时选中"黑白""查找边缘""亮度 / 对比度""杂色""高斯模糊"5 个视频效果，右击，在弹出快捷菜单中选择"复制"，在"时间轴"面板 V1 视频轨道上选择"图 2.jpg"，在"效果控件"面板上右击，在弹出的快捷菜单中选择"粘贴"，将 5 个视频效果添加到"图 2.jpg"上，效果如图 7-88 所示。

图 7-87　高斯模糊参数设置及效果

图 7-88　图 2.jpg 设置后效果

（12）在"效果"面板中选择"视频效果→过渡→渐变擦除"效果，将其拖至"时间轴"面板 V1 视频轨道"图 1.jpg"上。打开"效果控件"面板，将时间指针定位至初始位置，在"效果控件"面板中单击"渐变擦除"选项过渡完成前"切换动画"按钮 ◌，添加关键帧，设置"过渡完成"值为 100%。将时间指针定位至"00:00:02:00"的位置，添加关键帧，设置"过渡完成"值为 0，效果如图 7-89 所示。

图 7-89　渐变擦除效果

（13）在"效果控件"面板中右击"渐变擦除"效果，在弹出的快捷菜单中选择"保存预设"，将"渐变擦除"关键帧动画存储为预设，如图 7-90 所示。在"效果"面板中选择"预设→渐变擦除"，将其拖至"时间轴"面板 V1 视频轨道的"图 2.jpg"上。

（14）选择"工具"面板上的"文字工具"，在"节目"面板上单击并输入文字"水墨山水"，设置开始时间为 00:00:02:00，持续时间为 3 秒。在"时间轴"面板上选中文字素材，在"效果控件"面板"文字"组中，设置"字体"为 STXingKai，字体大小为 130，填充为黑色，描边为白色，描边宽度为 45。在"工具"面板的"选择工具",移动文字到适当的位置,如图 7-91 所示。

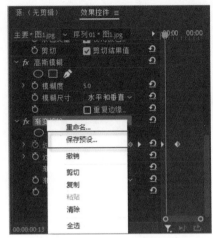

图 7-90　保存预设视频效果

图 7-91　文本参数设置及效果

(15)在"效果"面板中选择"视频过渡→擦除→划出"效果,将其拖至 V2 视频轨道文字素材的初始位置。选择"视频过渡→擦除→随机擦除"效果,将其拖至"时间轴"面板 V2 视频轨道文字素材的结束位置,效果如图 7-92 所示。

图 7-92　视频过渡效果

(16)"水墨山水"视频制作完成,保存并导出。

7.3.2　风格化

"风格化"效果用于给画面添加艺术效果,包括 Alpha 发光、复制、彩色浮雕、曝光过度、查找边缘、浮雕、画笔描边、粗糙边缘、纹理、色调分离、闪光灯、阈值、马赛克,如图 7-93 所示。

图 7-93　"风格化"选项

(1)Alpha 发光:对带有 Alpha 通道的图像边缘产生发光效果。

(2)复制:将图像在水平方向和垂直方向上复制多个,并同时平铺显示,设置后效果如图 7-94 所示。

(3)彩色浮雕:锐化物体的轮廓,使其产生彩色浮雕的效果,设置后效果如图 7-95 所示。

图 7-94　添加复制效果

图 7-95　添加彩色浮雕效果

（4）曝光过度：使画面产生负像和正像之间的混合效果，添加曝光过度前后对比如图 7-96 所示。

图 7-96　添加曝光过度前后对比效果图

（5）查找边缘：将图像的边缘勾勒突出，设置后效果如图 7-97 所示。

（6）浮雕：锐化物体的边缘，使其产生灰色浮雕效果，设置后效果如图 7-98 所示。

图 7-97　添加查找边缘效果

图 7-98　添加浮雕效果

（7）画笔描边：使画面产生画笔绘画的效果，设置后效果如图 7-99 所示。

（8）粗糙边缘：将图像的边框粗糙化，产生不同的粗糙化效果，设置后效果如图 7-100 所示。

图 7-99　添加画笔描边效果

图 7-100　添加粗糙边缘效果

（9）纹理：将某轨道上的画面以纹理的方式显示到当前画面上，产生类似浮雕效果，设置后效果如图 7-101 所示。

（10）色调分离：将相邻的渐变色阶分离，使之不连续，从而呈现特殊的画面效果，设置后效果如图 7-102 所示。

图 7-101　添加纹理效果

图 7-102　添加色调分离效果

（11）闪光灯：模拟相机的闪光灯，使画面呈现随机闪光效果。

（12）阈值：将图像转换为高对比的黑白效果，设置后效果如图 7-103 所示。

（13）马赛克：使图像局部呈现小格子的模糊效果，设置后效果如图 7-104 所示。

图 7-103　添加阈值效果

图 7-104　添加马赛克效果

7.3.3　杂色与颗粒

"杂色与颗粒"效果主要用于给画面添加杂色与颗粒，包括中间值（旧版）、杂色、杂色 Alpha、杂色 HLS、杂色 HLS 自动、蒙尘与划痕，如图 7-105 所示。

图 7-105　"杂色与颗粒"选项

（1）中间值（旧版）：将指定半径内的像素，用周围像素的 RGB 平均值来取代，可用于去除水印和划痕等。

（2）杂色：在画面中产生细小的颗粒效果，添加杂色前后效果对比如图 7-106 所示。

图 7-106　添加杂色前后效果对比图

（3）杂色 Alpha：在画面的 Alpha 通道中添加细小的颗粒效果，设置后效果如图 7-107 所示。

（4）杂色 HLS：通过调整画面的色相、亮度或饱和度来添加杂色，设置后效果如图 7-108 所示。

图 7-107　添加杂色 Alpha 效果　　　　　　　图 7-108　添加杂色 HLS 效果

（5）杂色 HLS 自动：自动调整画面的色相、亮度或饱和度来添加杂色。

（6）蒙尘与划痕：减少画面的杂色与划痕。

7.3.4　模糊与锐化

"模糊与锐化"效果用于给画面添加模糊与锐化效果，包括减少交错闪烁、复合模糊、方向模糊、相机模糊、通道模糊、钝化蒙版、锐化、高斯模糊，如图 7-109 所示。

图 7-109　"模糊与锐化"选项

（1）减少交错闪烁：减少画面的闪烁现象，但是画面的清晰度会降低。

（2）复合模糊：利用 V1 视频轨道上的素材对 V2 视频轨道上的画面进行模糊处理，参数设置如图 7-110 所示，设置后效果如图 7-111 所示。

图 7-110 "复合模糊"选项　　　　　　　　　图 7-111 添加复合模糊效果

（3）方向模糊：对画面在指定方向上进行模糊处理，产生动态效果。添加方向模糊前后效果对比如图 7-112 所示。

图 7-112 添加方向模糊前后效果对比图

（4）相机模糊：模仿相机聚焦不准时呈现的模糊效果，设置后效果如图 7-113 所示。

（5）通道模糊：对各个通道进行模糊处理，包括红、绿、蓝和 Alpha 通道，设置后效果如图 7-114 所示。

图 7-113 添加相机模糊效果　　　　　　　　图 7-114 添加通道模糊效果

（6）钝化蒙版：增强边缘像素的对比度，使图像达到清晰的效果。

（7）锐化：增强相邻像素的对比度，从而提高画面的清晰度，设置后效果如图 7-115 所示。

（8）高斯模糊：通过高斯运算在画面上呈现出来的均匀的大面积模糊效果，设置后效果如图 7-116 所示。

图 7-115 添加锐化效果

图 7-116 添加高斯模糊效果

7.3.5 过渡

"过渡"效果用于给画面添加过渡效果，实现图像的合成，包括块溶解、径向擦除、渐变擦除、百叶窗、线性擦除。如图 7-117 所示。

图 7-117 "过渡"选项

（1）块溶解：可以将素材制作出逐渐显现或隐去的溶解效果，如图 7-118 所示。

图 7-118 添加块溶解前后效果对比图

（2）径向擦除：沿着所设置的中心轴点进行表针式画面擦除，设置后效果如图 7-119 所示。

（3）渐变擦除：可以制作出类似色阶梯度的感觉，设置后效果如图 7-120 所示。

图 7-119 添加径向擦除效果

图 7-120 添加渐变擦除效果

（4）百叶窗：在视频播放时可使画面产生类似百叶窗叶片摆动的效果，设置后效果如图 7-121 所示。

（5）线性擦除：可使素材以线性的方式进行画面擦除，设置后效果如图 7-122 所示。

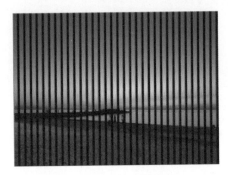

图 7-121　添加百叶窗效果

图 7-122　添加线性擦除效果

7.4　操作实例：日暮黄昏

参考二维码 7-8 样张视频效果，利用教材提供的素材（Pr\ 素材 \ 第 7 章 视频效果 \7.4），结合本章所学知识，制作完成"日暮黄昏"视频。

二维码 7-8："日暮黄昏"样张视频

第 8 章

键控与合成

在视频剪辑过程中，经常需要将素材的某一部分提取出来，或者将多个素材合成后使用，这时就需要用到遮罩和抠像。在 Premiere Pro 2020 中，"键控"视频效果包含多个遮罩和抠像功能，通过"键控"视频效果的使用，能够实现素材的提取与合成，达到想要的视觉效果。本章主要介绍了"键控"效果中的遮罩和抠像功能的使用和参数设置。本章所需素材如二维码 8-1 所示。

二维码 8-1
第 8 章素材

学习目标

- ❖ 熟练掌握轨道遮罩键的添加和应用。
- ❖ 掌握 Alpha 遮罩和亮度遮罩的区别。
- ❖ 了解 Alpha 调整、图像遮罩键、差值遮罩、移除遮罩的应用。
- ❖ 熟练掌握亮度键、超级键抠像的使用。
- ❖ 熟练掌握颜色键和非红色键抠像的使用。

思政元素

- ❖ 通过抠像作品的生成潜移默化地帮助学生理解相同的事物在不同的视角中呈现的效果不同，产生的价值也不同。
- ❖ 引导学生制作爱国主义短片，激发学生的爱国热情，鼓励学生运用专业技能服务社会、回报社会。

课程思政

党的二十大报告指出"中国式现代化是人与自然和谐共生的现代化。我们坚持可持续发展，坚持节约优先、保护优先、自然恢复为主的方针，像保护眼睛一样保护自然和生态环境，坚定不移走生产发展、生活富裕、生态良好的文明发展道路，实现中华民族永续发展。"

8.1 动 物 世 界

8.1.1 实例内容及操作步骤

运用视频剪辑、关键帧、文字、形状工具、键控、轨道遮罩完成"动物世界"视频制作，效果如二维码 8-2 所示。

（1）启动 Premiere Pro 2020，新建项目，名称为"动物世界"。

（2）执行菜单栏"文件→新建→序列"命令，新建序列 01，选择"DV-PAL 制式标准 48kHz"可用预设。

（3）执行菜单栏"文件→导入"命令，弹出"导入"对话框，选择"8.1"文件夹，单击"导入文件夹"按钮，将"8.1"文件夹导入"项目"面板中。

（4）在"项目"面板中，展开"8.1"文件夹，将"背景 .jpg"拖至"时间轴"面板 V1 视频轨道初始位置。

（5）将时间指针定位至初始位置，在"效果控件"面板中单击位置前"切换动画"按钮 ，添加"位置"关键帧，设置"位置"值为（144,288）。将时间指针定位至"00:00:05:00"，添加"位置"关键帧，设置"位置"值为（560，288），如图 8-1 所示。

图 8-1   添加关键帧并设置参数

二维码 8-2   "动物世界"样张视频

（6）执行菜单栏"文件→新建→序列"命令，新建序列 02，选择"DV-PAL 制式，标准 48kHz"可用预设。

（7）将"项目"面板中"序列 01"拖至"时间轴"面板 V1 视频轨道初始位置，选择"工具"面板上的"文字工具"，在"节目"面板单击并输入文字"动物世界"，选中文字素材，在"效果控件"面板中设置字体为 SThupo，字体大小 125，文字颜色白色。在"工具"面板上"选择工具"，移动文字到适当位置，如图 8-2 所示。

（8）在"时间轴"面板上，将时间指针定位至初始位置。选中文字素材，在"效果控件"面板上单击位置前"切换动画"按钮 ，添加"位置"关键帧，设置"位置"值为（318，288），单击缩放前"切换动画"按钮 ，添加"缩放"关键帧，设置"缩放"值为 50。将时间指针定位至"00:00:05:00"位置，添加"位置"和"缩放"关键帧，设置"位置"值为（430，288），"缩放"值为 130，如图 8-3 所示。

（9）在"效果"面板中选择"视频效果→键控→轨道遮罩键"效果，将其拖至"时间轴"面板 V1 视频轨道"序列 01"上。打开"效果控件"面板，设置"轨道遮罩键"中的"遮罩"选项为"视频 2"，参数设置如图 8-4 所示。设置文本遮罩的具体过程如二维码 8-3 所示。

二维码 8-3   设置文本遮罩

图 8-2　文本参数设置及效果

图 8-3　添加关键帧及参数设置

图 8-4　轨道遮罩键参数设置及效果

（10）执行菜单栏"文件→新建→序列"命令，新建序列 03，选择"DV-PAL 制式，标准 48kHz"可用预设。展开"项目"面板，将"1.mp4""2.mp4"、"3.mp4""4.mp4"依次拖至"时间轴"面板 V1 视频轨道上，效果如图 8-5 所示。

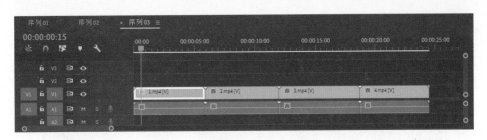

图 8-5　添加素材到 V1 视频轨道

（11）在"时间轴"面板左上角选择"序列 02"，在"项目"面板中选择"序列 03"，将其拖至"时间轴"面板 V1 视频轨道"序列 01"之后，如图 8-6 所示。

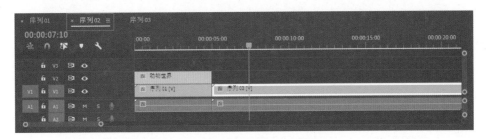

图 8-6　将序列 03 放入序列 02 中

（12）在"时间轴"面板，将时间指针定位至"00:00:05:00"位置，在"工具"面板长按"钢笔"工具，在弹出的工具组中选择椭圆工具，在"节目"面板中绘制如图 8-7 所示的圆形，切换至"移动工具"，将其移动至合适的位置，在"时间轴"面板中设置其时间长度与 V1 视频轨道素材长度一致，如图 8-7 所示。

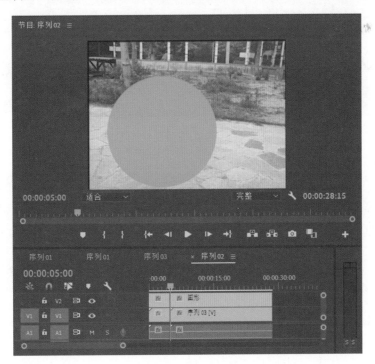

图 8-7　绘制圆形

（13）在"效果"面板中选择"视频效果→键控→轨道遮罩键"，将其拖至"时间轴"面板 V1 视频轨道"序列 03"上。打开"效果控件"面板，设置"轨道遮罩键"中的"遮罩"为"视频 2"，效果如图 8-8 所示。

图 8-8　轨道遮罩键参数设置及效果

（14）在"时间轴"面板上,选择 V2 视频轨道上图形,打开"效果控件"面板,单击位置前"切换动画"按钮 🕓,添加"位置"关键帧,适当设置多个关键帧,参数设置如图 8-9 所示,使动物始终处于图形的中心位置,效果如图 8-10 所示。

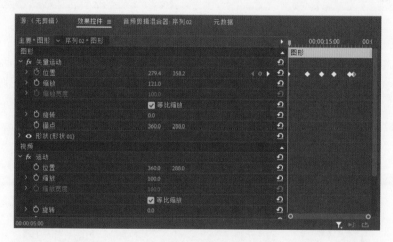

图 8-9　添加关键帧及参数设置

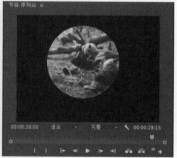

图 8-10　动物始终处于圆形的中心

（15）"动物世界"视频制作完成,保存并导出。

8.1.2　Alpha 调整

Alpha 调整是对有 Alpha 通道的素材进行透明度的调整,参数设置如图 8-11 所示。

图 8-11   Alpha 调整参数

（1）不透明度：数值越小，素材越透明。

（2）忽略 Alpha：选择该项后，会忽略 Alpha 通道。

（3）反转 Alpha：选择该项后，Alpha 通道会反转。

（4）仅蒙版：勾选该复选框后，只显示蒙版，不显示素材。

8.1.3   图像遮罩键

图像遮罩键是设置指定素材，为当前素材添加遮罩效果。添加"图像遮罩键"后，单击右上角的设置按钮，设置指定素材，利用指定素材对当前画面进行亮度遮罩或 Alpha 遮罩，参数设置如图 8-12 所示。

图 8-12   图像遮罩键参数

（1）合成使用：选择遮罩方式，包括 Alpha 遮罩和亮度遮罩。

（2）反向：选择该项后，使遮罩反向。

8.1.4   差值遮罩

差值遮罩是将两素材进行差异值对比，去除无差异的部分，保留有差异的部分，参数设置如图 8-13 所示。

图 8-13   差值遮罩参数

（1）视图：用于设置显示模式，包括"最终输出""仅限源""仅限遮罩"3 种。

（2）差值图层：用于指定某轨道中的素材进行差值对比。

（3）如果图层大小不同：当两素材大小不同时，用于设置当前素材是居中显示，还是伸缩以适合不同大小。

（4）匹配容差：用于设置当前素材与指定素材的匹配程度。

（5）匹配柔和度：用于设置素材的柔和程度。

（6）差值前模糊：用于设置素材的模糊程度，值越大，素材越模糊。

8.1.5　移除遮罩

移除遮罩用来去除黑色或者白色边缘。在去除素材的白色或黑色背景时，遗留的白色或黑色边缘可用移除遮罩去除，参数设置如图 8-14 所示。

遮罩类型用来选择遮罩的类型，包括白色和黑色。

图 8-14　移除遮罩参数

8.1.6　轨道遮罩键

轨道遮罩键是利用某一轨道上素材的 Alpha 通道或亮度信息建立遮罩，遮罩其下方轨道上的素材。其中"Alpha"遮罩是利用透明度建立遮罩，透明区域显示，不透明区域隐藏。"亮度遮罩"是利用亮度信息建立遮罩，其中白色部分为显示、灰色部分为半显示、黑色部分为隐藏，参数设置如图 8-15 所示。

图 8-15　轨道遮罩键参数

（1）遮罩：指定某一个轨道的素材作为遮罩。

（2）合成方式：选择遮罩的方式，包括 Alpha 遮罩和亮度遮罩。

（3）反向：选择该项可使遮罩反向。

8.2　抠像——自然风光

8.2.1　实例内容及操作步骤

运用视频剪辑、文字、亮度键、键控抠像完成"自然风光"视频制作，效果如二维码 8-4 所示。

（1）启动 Premiere Pro 2020，新建项目，名称为"自然风光"。

（2）执行菜单栏"文件→新建→序列"命令，新建序列 01，选择"DV-PAL 制式，标准 48kHz"可用预设。

二维码 8-4　"自然风光"样张视频

（3）执行菜单栏"文件→导入"命令，弹出"导入"对话框，选择"8.2"文件夹，单击"导入文件夹"按钮，将"8.2"文件夹导入"项目"面板中。

（4）在"项目"面板中，展开"8.2"文件夹，按住 Shift 键选中"1.jpg""2.jpg""3.jpg""4.jpg""5.jpg"，拖至"时间轴"面板 V1 视频轨道初始位置，效果如图 8-16 所示。

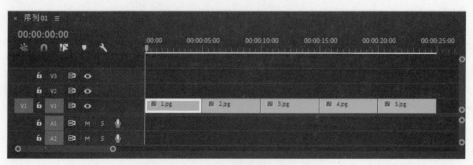

图 8-16　添加素材到 V1 视频轨道

（5）在"工具"面板上选择"向前选择轨道工具" ，在"时间轴"面板上同时选中"1.jpg"
"2.jpg""3.jpg""4.jpg""5.jpg"，右击，在弹出的快捷菜单中选择"设为帧大小"命令，如图8-17所示。

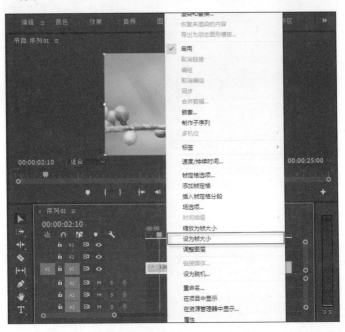

图8-17　图片设为帧大小

（6）在"项目"面板中，展开"8.2"文件夹，将"文字.jpg"拖至"时间轴"面板V2视频轨道初始
位置。在"时间轴"面板V2视频轨道上选择"文字.jpg"，打开"效果控件"面板，在"不透明度"选
项设置混合模式为"变暗"，效果如图8-18所示。

图8-18　"混合模式"参数设置及效果

（7）在"项目"面板中，展开"8.2"文件夹，将"6.jpg"拖至"时间轴"面板的V2视频轨道
"00:00:05:00"位置。在"节目"面板适当调整位置和大小，如图8-19所示。

（8）在"效果"面板中选择"视频效果→键控→超级键"效果，并将其拖至"时间轴"面板V2视
频轨道"6.jpg"上。打开"效果控件"面板，在"超级键"选项中，单击"主要颜色"右侧"吸管"按
钮 ，在"节目"面板上吸取鹰背景的蓝色。效果如图8-20所示。

（9）在"项目"面板中，展开"8.2"文件夹，将"7.mp4"拖至"时间轴"面板的V3视频轨道
"00:00:05:00"位置，删除A3音频轨道中音频。在"效果"面板中选择"视频效果→键控→颜色键"效
果，并将其拖至"时间轴"面板V3视频轨道"7.mp4"上。打开"效果控件"面板，在"颜色键"选项
中，单击"主要颜色"右侧"吸管"按钮 ，在"节目"面板上吸取海鸥背景的颜色，设置"颜色容差"
值为89，参数设置及效果如图8-21所示。

图 8-19　放入图 "6.jpg" 效果

图 8-20　"超级键" 参数设置及效果

图 8-21　"颜色键" 参数设置及效果

（10）在"项目"面板中，展开"8.2"文件夹，将"8.jpg"拖至"时间轴"面板 V2 视频轨道
"00:00:10:00"位置。在"节目"面板适当调整位置和大小，如图 8-22 所示。

（11）在"效果"面板中选择"视频效果→键控→颜色键"效果，将其拖至"时间轴"面板 V2 视频
轨道"8.jpg"上。打开"效果控件"面板，在"颜色键"选项中，单击"主要颜色"旁边的"吸管"按
钮，在"节目"面板上吸取背景的蓝色，"颜色容差"值为 150，"边缘细化"值为 2，参数设置及效果
如图 8-23 所示。

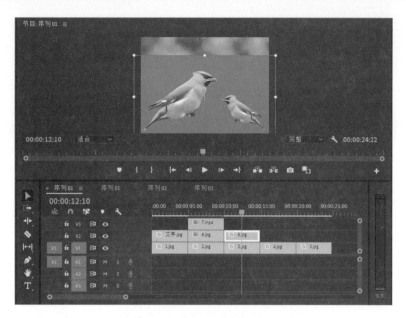

图 8-22 放入图 "8.jpg" 效果

图 8-23 颜色键参数设置及效果

（12）在"项目"面板中，展开"8.2"文件夹，将"9.jpg"拖至"时间轴"面板的 V2 视频轨道 "00:00:15:00"位置。在"节目"面板适当调整位置和大小，如图 8-24 所示。

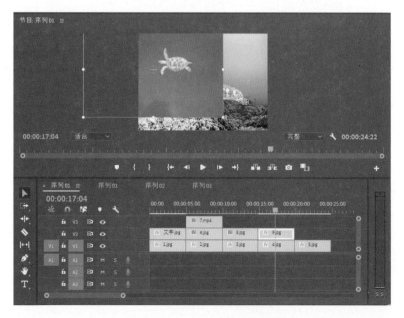

图 8-24 放入图 "9.jpg" 效果

（13）在"效果"面板中选择"视频效果→键控→非红色键"效果，将其拖至"时间轴"面板 V2 视频轨道的"9.jpg"上。打开"效果控件"面板，在"非红色键"选项中，设置"阈值"为 17%，"屏蔽度"值为 17%，参数设置及效果如图 8-25 所示。

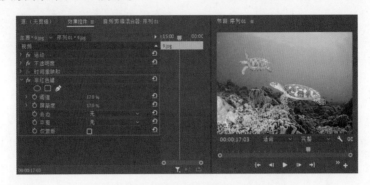

图 8-25 "非红色键"参数设置及效果

（14）在"项目"面板中，展开"8.2"文件夹，将"10.mp4"拖至"时间轴"面板 V3 视频轨道"00:00:15:00"位置，删除 A3 音频轨道中音频。在"效果"面板中选择"视频效果→键控→非红色键"效果，将其拖至"时间轴"面板 V3 视频轨道的"10.mp4"上，参数设置及效果如图 8-26 所示。非红色键抠像方法如二维码 8-5 所示。

二维码 8-5 非红色键抠像

图 8-26 第二次应用非红色键参数设置及效果

（15）在"项目"面板中，展开"8.2"文件夹，将"11.jpg"拖至"时间轴"面板的 V2 视频轨道"00:00:20:00"位置。打开"效果控件"面板，设置"位置"值为（272，256），"缩放"值为 30，如图 8-27 所示。

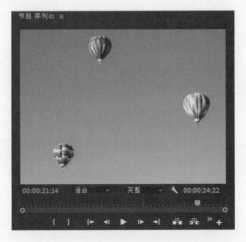

图 8-27 位置和缩放参数设置及效果

（16）在"效果"面板中选择"视频效果→键控→颜色键"效果，将其拖至"时间轴"面板 V2 视频轨道"11.jpg"上。打开"效果控件"面板，在"颜色键"选项中，单击"主要颜色"右侧"吸管"按钮 ，在"节目"面板上吸取热气球背景右上角的蓝色，设置"颜色容差"值为 47，参数设置及效果如图 8-28 所示。

图 8-28　颜色键参数设置及效果

（17）在"效果"面板中选择"视频效果→键控→颜色键"效果，将其拖至"时间轴"面板 V2 视频轨道中"11.jpg"上。打开"效果控件"面板，在"颜色键"选项中，单击"主要颜色"旁边的"吸管"按钮 ，在"节目"面板上吸取热气球背景右下角的蓝色，设置"颜色容差"值为 41，参数设置及效果如图 8-29 所示。颜色键抠像方法如二维码 8-6 所示。

二维码 8-6　颜色键抠像

图 8-29　第二次应用颜色键参数设置及效果

（18）在"时间轴"面板 V2 视频轨道选中"11.jpg"，将时间指针定位至"00:00:20:00"位置，添加"位置"关键帧，设置"位置"值为（272,256）；将时间指针定位至"00:00:25:00"位置，添加"位置"关键帧，设置"位置"值为（147,225），如图 8-30 所示。

图 8-30　位置关键帧参数设置

（19）在"效果"面板中选择"视频过渡→沉浸式视频→VR 默比乌斯缩放"效果，将其拖至"时间轴"面板 V2 视频轨道的"文字 .jpg"前，利用相同的方法，在"沉浸式视频"选取合适的效果，依次添加到"文字""6.jpg""8.jpg""9.jpg""11.jpg"之间和"7.mp4""10.mp4"之前，效果如图 8-31 所示。

图 8-31　添加"VR 默比乌斯缩放"过渡效果

（20）"自然风光"视频制作完成，保存并导出。

8.2.2　亮度键

亮度键是根据素材的亮度信息，去除素材中亮部或暗部区域，参数设置如图 8-32 所示。

图 8-32　亮度键参数

（1）阈值：用来控制暗部不透明度，值越大，暗部越透明。

（2）屏蔽度：用来控制亮部不透明度，值越大，亮部越透明。

8.2.3　超级键

超级键又称为极致键，可将素材中的指定颜色调整为透明，参数设置如图 8-33 所示。

图 8-33　超级键参数

（1）输出：设置素材的输出类型，包括"合成""Alpha 通道""颜色通道"3 种。

（2）设置：设置抠像的强度，包括"默认""弱效""强效""自定义"4 种。

（3）主要颜色：指定要抠除的颜色。

（4）遮罩生成：调整指定颜色的属性，从而影响遮罩的生成效果，包括"透明度""高光""阴影""容差""基值"等。

（5）遮罩清除：设置生成遮罩的属性，包括"抑制""柔化""对比度""中间点"等。

（6）溢出抑制：调整抠像后的素材边缘。

（7）颜色校正：校正素材的颜色，包括"饱和度""色相""明度"等。

8.2.4 非红色键

非红色键可将素材中的绿色和蓝色调整为透明,即用于抠除绿色和蓝色区域,参数设置如图 8-34 所示。

图 8-34 非红色键参数

(1)阈值:控制抠像区域的不透明度,值越大,抠像区域越透明。

(2)屏蔽度:控制抠像区域以外的不透明度,值越大,抠像区域的不透明度越大。

(3)去边:去除抠像后素材边缘残留的绿色或者蓝色。

(4)平滑:调整抠像后边缘的锯齿,包含"低"和"高"两种。

(5)仅蒙版:勾选选项,可以只显示 Alpha 通道的蒙版。

8.2.5 颜色键

颜色键可以抠除素材中指定的颜色,参数设置如图 8-35 所示。

图 8-35 颜色键参数

(1)主要颜色:用来设置抠除的颜色。

(2)颜色容差:容差越大,被抠除的颜色范围越大。

(3)边缘细化:调整抠像边缘的粗糙程度,数值越小,边缘越粗糙。

(4)羽化边缘:用于调整抠像边缘的柔和程度,数值越大,边缘越柔和。

8.3 操作实例:青春纪念册

参考二维码 8-7 样张视频效果,利用教材提供的素材(Pr\ 素材 \ 第 8 章 键控与合成 \8.3),结合本章所学知识,制作完成"青春纪念册"视频。

二维码 8-7 "青春练习册"样张视频

第 **9** 章

音 频

Premiere Pro 2020 音频功能非常强大，不仅可以对音频素材进行剪辑、添加音效、单声道混音、制作立体声和 5.1 环绕声，还可以借助"时间轴"面板完成录音及音频合成。对于一部完整的视听作品来说，声音具有与画面同等重要的作用，无论是前期的配音还是后期的音效，都不可缺少。本章通过《校歌》MV 的制作，讲解音频剪辑及音频特效使用方法和技巧，配合画面和字幕完成一部完整的声像合成作品。本章所需素材如二维码 9-1 所示。

学习目标

❖ 掌握 Premiere Pro 2020 中音频的剪辑。
❖ 掌握音视频的链接与分离方法。
❖ 掌握音频切换效果的添加及设置方法。
❖ 掌握音频特效的添加及设置方法。

二维码 9-1
第 9 章素材

思政元素

❖ 让学生具备对音乐的鉴赏能力和表达能力。
❖ 让学生具备合作意识及协调能力。

课程思政

习近平总书记对青年的寄语："广大青年要培养奋斗精神，做到理想坚定，信念执着，不怕困难，勇于开拓，顽强拼搏，永不气馁。"通过对校歌的赏析，大学生感受的不仅是音乐的魅力，同时收获理想信念和高尚人格。

9.1　制作校歌 MV

9.1.1　实例内容及操作步骤

运用视频剪辑、音频剪辑、文字添加、音频过渡、音频特效添加及设置完成"校歌 MV"视频制作，效果如二维码 9-2 所示。

二维码 9-2　"校歌 MV"
样张视频

（1）新建项目，命名为"校歌 MV"。在新建序列中选择"DV-PAL 制式标准的 48kHz"，序列名称为"音频"。

（2）将素材文件夹中的所有素材导入"项目"面板中。将"项目"面板中"校歌 .wav"拖至"时间轴"面板 A1 音频轨道起始位置，如图 9-1 所示。

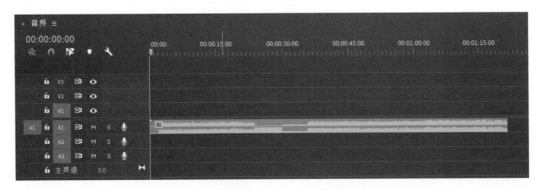

图 9-1　添加音频素材到 A1 音频轨道

（3）调整音量。单击"节目"面板"播放"按钮播放，试听音频内容，在"时间轴"面板中适当调大 A1 音频轨道高度，拖动 A1 音频轨道中的音量线，向下调整音量级别到"-4.8"，整体调整音频的音量，如图 9-2 所示。具体操作过程如二维码 9-3 所示。

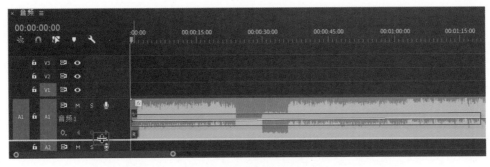

图 9-2　调整音频音量

二维码 9-3　调整
音频音量

（4）分割音频。根据试听内容在第一句歌词开始的地方（00:00:17:18）利用"剃刀工具"进行音频的切割，利用相同方法依次对每一句歌词进行切割（第 2 句 00:00:24:00，第 3 句 00:00:30:00，第 4 句 00:00:35:22，第 5 句 00:00:41:19，第 6 句 00:00:49:00），如图 9-3 所示。

（5）删除前奏部分和第 3 句部分。在"工具"面板切换"选择工具"，选中前奏部分，右击，在弹出的快捷菜单中选择"波纹删除"命令，删除前奏部分且后续音频自动前移。利用相同方法，删除第三句，将音频中重复部分删除。

（6）为校歌第一句添加混响效果。打开"效果"面板，选择"音频效果→混响→卷积混响"效果，将其拖至 A1 音频轨道第一句上。在"效果控件"面板，单击"自定义设置"后"编辑"按钮，弹出"剪辑效果编辑器"对话框，参数设置如图 9-4 所示，关闭"剪辑效果编辑器"，播放该段音频，试听音频的变化。

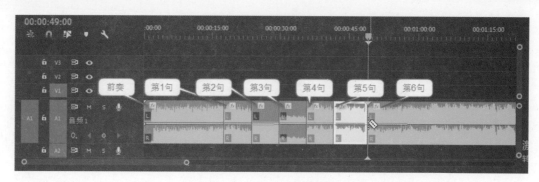

图 9-3 音频分割后效果

（7）为校歌第二句添加特殊特效效果。打开"效果"面板，选择"音频效果→特殊特效→用右侧填充左侧"效果，将其拖至 A1 音频轨道第二句上，即可应用该音频效果。播放该段音频，即可听出声音的变化，也可在"音频仪表"窗口看到音频变化，"音频仪表"窗口前后对比如图 9-5 所示。

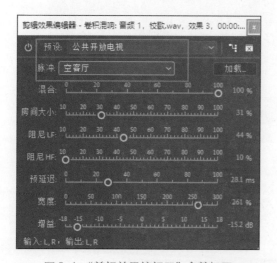

图 9-4 "剪辑效果编辑器"参数设置

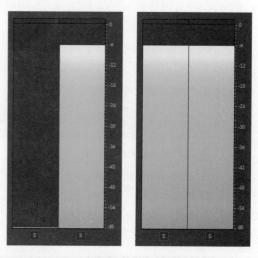

图 9-5 "音频仪表"窗口前后对比图

（8）为校歌第二句增大音量。选中"时间轴"面板 A1 音频轨道中第二句，在"效果控件"面板中，首先去掉系统自带"音量→级别"的关键帧，"级别"设置为"–15"，如图 9-6 所示，播放该段音频，试听音频的变化。

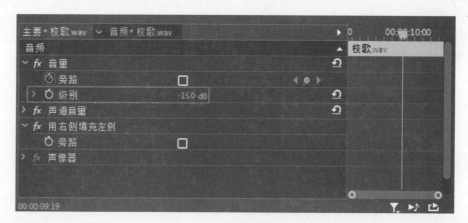

图 9-6 音量参数设置

（9）为校歌第三句添加延迟效果。打开"效果"面板，选择"音频效果→延迟与回声→延迟"效果，将其拖至 A1 音频轨道的第三句上。在"效果控件"面板，"反馈"设置为 2.0%，如图 9-7 所示，播放该段音频，试听音频回声效果。

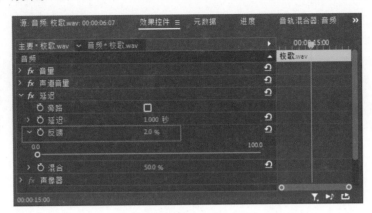

图 9-7 "延迟"参数设置

（10）设置淡入淡出效果。选中并拉大该音频素材所在的 A1 音频轨道，单击"显示关键帧"按钮，在弹出的快捷菜单中选择"轨道关键帧→音量"命令，如图 9-8 所示。将时间指针定位至音频初始位置，单击"添加－移除关键帧"按钮添加第一个关键帧。将时间指针定位至"00:00:02:00"位置，单击"添加－移除关键帧"按钮添加第二个关键帧，向下拖动第一个关键帧到最低处，即可设置此处音量为"–∞ dB"，完成"淡入"效果的设置。利用相同方法设置"淡出"效果。将时间指针定位至"00:00:56:00"位置，单击"添加－移除关键帧"按钮添加第三个关键帧。将时间指针定位至"00:00:58:00"位置，单击"添加－移除关键帧"按钮添加第四个关键帧，向下拖动第四个关键帧到最低处，设置此处音量为"–∞ dB"，完成"淡出"效果的设置，如图 9-9 所示。淡入／淡出效果的设置方法如二维码 9-4 所示。

二维码 9-4 设置"淡入／淡出"

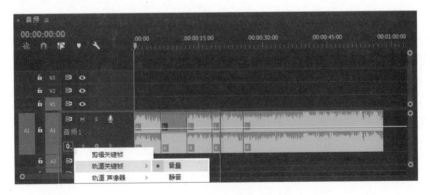

图 9-8 "显示关键帧"设置

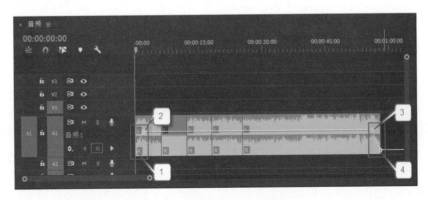

图 9-9 "淡入／淡出"效果设置

（11）新建序列，命名为"校歌 MV"。在"项目"面板中，将"校园风光 .mp4"拖至"时间轴"面板 V1 视频轨道初始位置，在其 15 秒处利用"剃刀工具"进行切割，波纹删除前 15 秒的内容，如图 9-10 所示。

图 9-10　视频剪辑设置及效果

（12）解除音频并删除。选择 A1 音频轨道上的音频，按 Delete 键删除，如图 9-11 所示。

如果音视频是链接的，则应右击选择"取消链接"，使音视频分离后再单独删除音频。视频的分割和音频的删除步骤如二维码 9-5 所示。

图 9-11　删除音频后的视频

二维码 9-5　视频的分割及音频删除

（13）将时间指针定位至"00:00:05:15"位置，在"项目"面板中，选择"音频"序列。将其拖至"时间轴"面板 V2 视频轨道的时间指针处。只选中 V2 视频轨道中"音频"序列，按 Delete 键删除，保留 A2 音频轨道部分。将 A2 音频轨道素材向上平移至 A1 音频轨道，效果如图 9-12 所示。

图 9-12　保留音频序列中的音频

（14）在"项目"面板中，选择"海浪声.mp3"音频素材，将其拖至"时间轴"面板 A2 音频轨道初始位置，如图 9-13 所示。

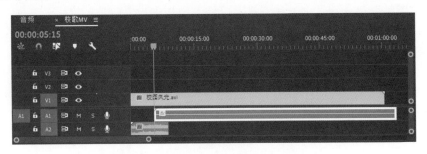

图 9-13　添加音频素材到 A2 音频轨道

（15）将时间指针定位至"00:00:00:00"位置，在"音频剪辑混合器"面板中，设置音频 2 轨道中的音量滑块到最低位置。单击音频 2 轨道上的"写关键帧"按钮 ，如图 9-14 所示，然后在"节目"面板中单击"播放"按钮，在开始播放时设置音频 2 轨道的滑块慢慢上升，在播放至 3 秒时设置音频 2 轨道的滑块上升到最高而后慢慢下降，在播放至 6 秒时设置音频 2 轨道的滑块下降到最低，实现两个音频的实时过渡。效果如图 9-15 所示。音频剪辑混合器的应用如二维码 9-6 所示。

二维码 9-6　音频剪辑混合器的应用

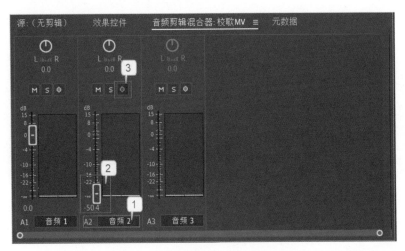

图 9-14　音频剪辑混合器中设置关键帧

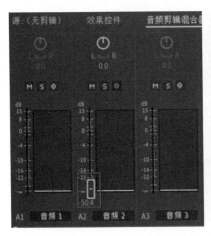
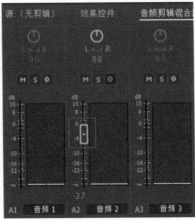
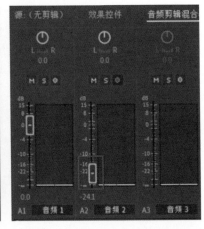

图 9-15　音频剪辑混合器中动态设置音频 2 轨道过渡效果

（16）为校歌 MV 添加滚动歌词。打开素材文件夹中的"歌词 .txt"，将时间指针定位至"00:00:05:16"位置，复制"歌词 .txt"中的第一句歌词，在"工具"面板中选择"文字工具"，在"节目"面板合适的地方按 Ctrl+V 快捷键粘贴第一句歌词，在"效果控件"面板中设置合适的文字效果和大小，持续时间至第一句结束，保证歌词和歌曲同步。添加"位置"关键帧，设置"位置"值为（904，387），将时间指针定位至校歌第一句结束位置，添加"位置"关键帧，设置"位置"值为（–500，387），完成歌词从右到左滚动动画效果，如图 9-16 所示。利用相同的方法把其余的歌词全部添加到"时间轴"面板 V2 视频轨道中，如图 9-17 所示。

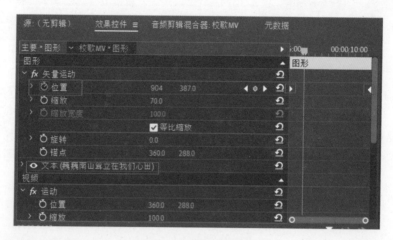

图 9-16　设置滚动字幕

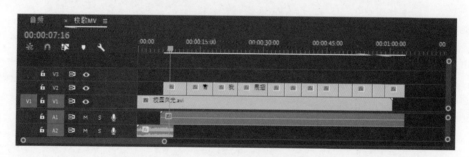

图 9-17　添加所有歌词后的效果

（17）将"项目"面板中的"校徽 .psd"拖至 V1 视频轨道"校园风光 .mp4"后，设置其长度与音频结束相一致。选择"效果"面板中的"视频效果→键控→颜色键"去掉白色背景，如图 9-18 所示。

（18）"校歌 MV"视频制作完成，保存并导出。

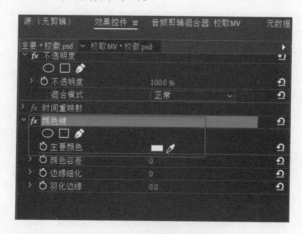

图 9-18　"颜色键"参数设置

9.1.2　音频编辑介绍

1. 音频轨道介绍

音频编辑与视频编辑有很多相似之处,如在"时间轴"面板添加或删除轨道、改变视图大小、使用"剃刀工具"分割等。在默认设置下,"时间轴"面板中包含 3 条标准音频轨道和一条主声道音轨,主声道音轨用于控制序列中所有音频轨道的合成输出。

(1)标准音轨。标准音轨代替了旧版本的立体声音轨类型,同时容纳单声道和立体声音频剪辑。

(2)单声道音轨。单声道音轨包含一条音频声道,如果将立体声音频素材添加到单声道轨道中,立体声音频通道将被汇总为单声道。

(3)5.1 声道音轨。5.1 声道音轨包含了 3 条前置音频声道(左声道、中置声道、右声道)、两条后置或环绕音频声道(左声道和右声道)及通向低音炮扬声器的低频效果 (LFE) 音频声道。在 5.1 声道音轨中只能包含 5.1 音频素材。

(4)自适应音轨。自适应音轨只能包含单声道、立体声和自适应素材。

2. 添加音频轨道

方法 1:将鼠标移动到"时间轴"面板的空白处,右击,在弹出的快捷菜单中选择"添加轨道"命令,如图 9-19 所示,弹出"添加轨道"对话框,设置位置及轨道类型,如图 9-20 所示,在进行相应的操作之后,单击"确定"按钮,即可添加音频轨道。

方法 2:执行菜单栏"序列→添加轨道"命令,弹出"添加轨道"对话框,设置后单击"确定"按钮即可。

方法 3:将音频素材直接拖到"时间轴"面板下方的主声道音轨之下,即可添加一个音频轨道。

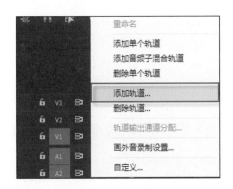

图 9-19　"添加轨道"命令

图 9-20　"添加轨道"对话框

3. 删除音频轨道

方法 1:鼠标指针移动到"时间轴"面板的空白处,右击,在弹出的快捷菜单中选择"删除轨道"命令,弹出"删除轨道"对话框,删除选中的音频轨道,如图 9-21 所示。

方法 2:执行菜单栏"序列→删除轨道"命令,弹出"删除轨道"对话框,设置后单击"确定"按钮即可。

图 9-21　"删除轨道"对话框

4. 音频增益

音频增益是在音频素材原有音量的基础上，通过对音量峰值的附加调整，增加或降低音频的频谱波形幅度，从而改变音频素材的播放音量。

具体方法：选中"时间轴"面板音频轨道中指定音频素材，右击，在弹出的快捷菜单中选择"音频增益"，如图 9-22 所示。在弹出的"音频增益"对话框中调整参数值，如图 9-23 所示，调整好后单击"确定"按钮。

图 9-22　"音频增益"命令

图 9-23　"音频增益"对话框

（1）将增益设置为：将音频素材的音量增益指定为一个固定值。

（2）调整增益值：输入正数值或负数值，提高或降低音频素材的音量。

（3）标准化最大峰值为：输入数值，为音频素材的音频频谱设定最大峰值音量。

（4）标准化所有峰值为：输入数值，为音频素材中音频频谱的所有峰值限定音量。

5. 更改音频声道

在"时间轴"面板的音频轨道中，选中音频素材，右击，在弹出的快捷菜单中选择"音频声道"，如图 9-24 所示。在弹出的"修改剪辑"对话框中，指定每个音频轨道的左、右声道，可试听效果，如图 9-25 所示，调整好后单击"确定"按钮。

图 9-24　"音频声道"命令

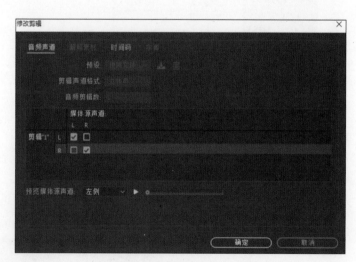

图 9-25　"修改剪辑"对话框

6. 控制音频的速度和持续时间

在"时间轴"面板的音频轨道中，选中音频素材，右击，在弹出的快捷菜单中选择"速度/持续时间"，如图 9-26 所示。在弹出的"剪辑速度/持续时间"对话框中，将速度调整为 100% 以上，速度加快，反之变慢。勾选"倒放速度"，可实现音频倒放效果。音频速度改变后，勾选"保持音频音调"可保持声音原本音调。勾选"波纹编辑，移动尾部剪辑"，音频速度改变后的音频将自动前移或后退，如图 9-27 所示。

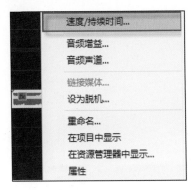

图 9-26　"速度 / 持续时间"命令

图 9-27　"剪辑速度 / 持续时间"对话框

9.1.3　基本声音面板介绍

为方便快速调节音频效果，Premiere Pro 2020 提供了"基本声音"面板，内设简单控件，可以快速实现统一音量级别、修复声音、提高清晰度及添加特殊效果等，引导编辑人员完成对话、音乐、环境等音频内容制作，达到专业混音的效果。

单击软件界面上方"预设"面板中的"音频"选项，如图 9-28 所示，打开"基本声音"面板，如图 9-29 所示，单击"编辑→预设"中音频模式。如需切换音频模式，可单击右侧的"清除音频类型"按钮。

图 9-28　"音频"选项

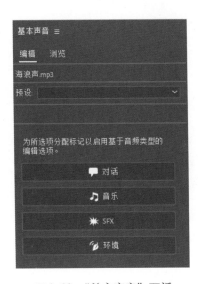

图 9-29　"基本声音"面板

1. 对话

主要对人声进行设置，为创造者提供多组参数，如将不同的音频素材统一为常见响度、降低背景噪声等，可直接应用预设效果，如图 9-30 所示。选择好预设效果后，"效果控件"面板自动添加该效果的各项属性。多个音频素材同时添加预设时，可选择某段音频，单击"对话"按钮，选择并应用预设效果。

2. 音乐

主要是调节背景音乐，音乐的预设设置如图 9-31 所示。手动调节音频的变速效果，勾选"持续时间"复选框，改变时间数值。

图 9-30　对话中的预设

图 9-31　音乐中的预设

3. SFX

SFX 帮助观众形成某些幻觉，比如音乐源自工作室场地、房间环境或具有适当反射和混响的场地中的特定位置，其预设设置如图 9-32 所示。

4. 环境

环境属性设置同前几种属性设置相似，中和了部分音乐和 SFX 的功能，如图 9-33 所示。

图 9-32　SFX 中的预设

图 9-33　环境中的预设

注意　　　　"基本声音"面板中的音频类型互斥，为某素材选择一个音频类型，会取消先前音频类型对该剪辑的更改。

9.1.4　音频效果介绍

在"效果"面板中展开"音频效果"，如图 9-34 所示，其应用方法与视频效果相同，选中音频效果拖至"时间轴"面板音频轨道中的素材上，在"效果控件"面板中对其进行参数设置。

1. 振幅与压限效果组

振幅与压限效果组如图 9-35 所示。

图 9-34　音频效果选项

图 9-35　振幅与压限效果组

（1）通道混合器：改变立体声或环绕声道的平衡

（2）多频段压缩器：对音频素材的低、中、高频段进行压缩。

（3）电子管建模压缩器：控制立体声左、右声道的音量比。

（4）强制限幅：模拟多种限制声音分贝效果，如失真、限幅 –3dB、限幅 –6dB 等。

（5）单频段压缩器：控制立体声左、右声道的音量比。

（6）动态：针对音频信号中的低音与高音之间的音调，消除或者扩大某一个范围内的音频信号，从而突出主体信号的音量或控制声音的柔和度。

（7）动态处理：模拟低音鼓、击弦贝斯、劣质吉他、慢鼓手、浑厚低音、说唱表演等效果。

（8）增幅：增强或减弱音频信号。

（9）声道音量：设置左、右声道的音量大小。

（10）消除齿音：去除音频中的齿音和其他高频"嘶嘶声"。

2. 延迟与回声效果组

延迟与回声效果组如图 9-36 所示。

图 9-36　延迟与回声效果组

（1）多功能延迟：对延时效果进行高程度控制，产生四层回音，通过参数设置，对每层回音发生的延迟时间与程度进行控制，使音频素材产生同步、重复回声的效果。

（2）模拟延迟：模拟多种延迟效果，如峡谷回声、延迟到冲洗、循环延迟、配音延迟等。"模拟延迟"效果可以很快制作出比较缓慢的延迟效果，若需精确地控制延迟效果，则使用"多功能延迟"效果。

（3）延迟：为音频素材添加回声效果。

3. 滤波器和 EQ 效果组

滤波器和 EQ 效果如图 9-37 所示。

（1）带通：主要限制某些音频频率的输出。

（2）FFT 滤波器：控制一个数值上频率的输出。

（3）低通：将音频素材文件的低频部分从声音中滤除。"屏蔽度"参数用来设置高频过滤的起始值。

（4）低音：调整音频素材的低音分贝。"提升"参数可以增加或降低素材的低音分贝。

（5）陷波滤波器：制作多种音频效果，如 200Hz 与八度音阶、C 大调和弦等。

（6）简单的陷波滤波器：设置旁路、中心、Q 参数调整声音。

（7）简单的参数均衡：调整声音音调，精确地调整频率范围。

（8）参数均衡器：均衡设置，精确地调节音频的高音和低音，在相应的频段按照百分比来调节原始音频以实现音调的变化。

（9）图形均衡器（10 段）：模拟低保真度、敲击树干（小心）、现场歌声提升、音乐临场感等效果。

（10）图形均衡器（20 段）：模拟八度音阶划分、弦乐、明亮而有力、重金属吉他等效果。

（11）图形均衡器（30 段）：模拟低音增强清晰度、经典 V 等效果。

（12）科学滤波器：对音频进行高级处理，有频率响应（分贝）、相位（度）、组延迟（毫秒）3 种滤波器。

（13）高通：将音频信号的高频过滤。参数"屏蔽度"可以设置低频过滤的起始值。

（14）高音：调整音调，提升或降低高频部分。

4. 调制、降杂 / 恢复和混响效果组

调制、降杂 / 恢复和混响效果组如图 9-38 所示。

图 9-37　滤波器和 EQ 效果组　　　　　图 9-38　调制、降杂 / 恢复、混响效果组

（1）镶边：将完好的音频素材调节成声音短期延误、停滞或随机间隔变化的音频信号。

（2）和声 / 镶边：通过添加多个短延迟和少量反馈，模拟一次播放的多种声音或乐器。

（3）移相器：接受输入信号的一部分，使相位移动一个变化的角度，然后将其混合回原始信号，用于模拟低保真度相位、卡通效果、水下等效果。

（4）降噪：常用的音频效果之一，用于自动探测音频中的噪声并将其消除。

（5）减少混响：评估混响轮廓并帮助调整混响总量。值的范围为 0~100%，并可控制应用于音频信号的处理量。应用"减少混响"效果会因动态范围的降低，导致输出电平降低（与原始音频相比）。此时，可使用滑块手动调整增益，或通过勾选"自动增益"复选框，启用增益的自动调整功能。

（6）消除嗡嗡声：从音频中消除不需要的 50Hz/60Hz 嗡嗡声。此效果适用于 5.1、立体声或单声道。

（7）自动咔嗒声移除：快速去除黑胶唱片中的噼啪声和静电噪声。其参数"阈值"用来设置清除咔嗒声的检验范围。

（8）卷积混响：通过模拟音频播放的声音，为音频素材添加气氛，如重现从会议室到音乐厅的各种空间。

（9）室内混响：模拟多种室内的混响音频效果，如大厅、房间临场感、旋涡形混响等。

（10）环绕声混响：主要用于 5.1 音源，也可为单声道或立体声音源提供环绕声效果。

5. 特殊效果组和立体声声像效果组

特殊效果组和立体声声像效果组如图 9-39 所示。

（1）吉他套件：制作不同质感的音频效果，如老学校、超市扬声器、醉酒滤镜等。

（2）用右侧填充左侧：将指定的音频素材旋转在左声道进行回放。

（3）用左侧填充右侧：将指定的音频素材旋转在右声道进行回放。

（4）Binauralizer - Ambisonics：采用双耳拾音技术和声场合成技术的原场传声器拾音。

（5）扭曲：将音频设置为扭曲的效果，如无限扭曲、蛇皮等方式。

（6）Panner - Ambisonics：一款简单、有用的通用音频插件，对不同的立体声音轨进行控制。

（7）互换声道：将音频素材的左、右声道互换。

（8）人声增强：使当前的人声更偏向于女性或更偏向于男性发音。

（9）反转：反转当前声道状态。

（10）母带处理：用于模拟梦的序列、温馨的音乐厅、立体声转换为单声道等效果。

（11）雷达响度计：通过调整目标响度、雷达速度、雷达分辨率、瞬时范围等参数更改音频效果。

（12）立体声扩展器：控制立体声的扩展效果。

6. 时间与变调效果组

时间与变调效果组如图 9-40 所示。

图 9-39　特殊效果组、立体声声像效果组

图 9-40　时间与变调效果组

（1）音高换挡器：设置伸展、愤怒的沙鼠、黑魔王等特殊音频效果。

（2）平衡：只能用于立体声音频素材，控制左右声道的相对音量。只有一个"平衡"参数，参数值为正值时增大右声道的分量，为负值时增大左声道的分量。

（3）静音：使音频素材文件的指定部分静音。

（4）音量：用于调节音频素材的音量。

9.1.5　效果控件介绍

选中"时间轴"面板音频轨道上的素材后，在"效果控件"面板就出现了音频的调节选项，如图 9-41 所示。可在"效果控件"面板中调节音频的参数，也可通过添加关键帧的方法来进行音频的动态调节。下面是"效果控件"面板中的选项介绍。

（1）旁路：用于启用或关闭音频效果，勾选该复选框，音频效果将被关闭，这个功能多用于做效果前后对比。

（2）级别：用于调节音频的分贝值，控制音量。

（3）声道音量：用于分别调节左、右声道的音量。

（4）声像器：用于调节音频素材的声像位置，去除混响声。

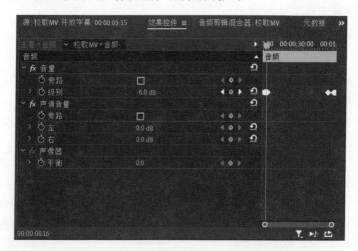

图 9-41 "效果控件"面板中的音频调节选项

9.1.6 音频剪辑混合器介绍

"音频剪辑混合器"面板，在收听音频和观看视频的同时调整多条音频轨道的音量等级以及摇摆 / 均衡度，Premiere Pro 2020 使用自动化过程来记录这些调整，播放剪辑时进行应用。"音频剪辑混合器"面板像音频合成控制台，为每一条音轨提供控制，如图 9-42 所示。

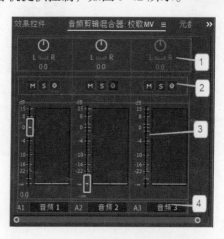

图 9-42 "音频剪辑混合器"面板

1. 摇摆 / 均衡控制器

将单声道的音频素材在左、右声道来回切换，最后将其平衡为立体声。参数范围为 –100~100。L 表示左声道，R 表示右声道。拖动按钮上的指针对音频轨道进行摇摆 / 均衡设置，也可单击旋钮下方的数字，输入数值进行调整。负值表示将音频设定在左声道，正值表示将音频设定在右声道。

2. 轨道状态控制

控制轨道的状态，其参数包括如下内容。

（1）静音轨道 (M)：单击该按钮，音频素材播放时为静音。

（2）独奏轨道 (S)：单击该按钮，只播放单一轨道上的音频素材，其他轨道上的音频素材静音。

（3）写关键帧：单击该按钮，将外部音频设备输入的音频信号录制到当前轨道。

3. 音量控制

对当前轨道的音量等级进行调节，拖动音量调节滑块，控制音量等级。

4. 音频轨道标签

音频轨道标签主要用来显示音频的轨道。

9.1.7　音频过渡介绍

音频过渡效果的作用与视频过渡效果的作用相似，即添加在音频剪辑的头尾或相邻音频剪辑之间，使音频剪辑产生过渡效果。

在"效果"面板中展开"音频过渡"，如图 9-43 所示，在其中的"交叉淡化"组中包含恒定功率、恒定增益、指数淡化 3 种音频过渡效果。

图 9-43　"音频过渡"选项

1. 恒定功率

恒定功率效果可以制作出音频素材交叉淡入 / 淡出的变化，且是在一个恒定的速率和剪辑之间的过渡。

2. 恒定增益

恒定增益效果可以制作出音频素材交叉淡入 / 淡出的变化，创建一个平稳、逐渐过渡的效果。

3. 指数淡化

指数淡化效果可以淡化声音的线形及线段交叉，与"恒定增益"相比较为机械化。

9.2　操作实例：诗配画《小池》

参考二维码 9-7 样张视频效果，利用教材提供的素材（Pr\ 素材 \ 第 9 章　音频 \9.2 ），结合本章所学知识，制作完成诗配画"小池"视频。

二维码 9-7　"小池"样张视频

第 10 章

综 合 实 例

　　本章通过 4 个视频编辑实例，进一步讲解 Premiere Pro 2020 的功能特色和使用技巧，使读者更好地掌握软件功能和知识要点，从而制作出变化丰富的视频效果。本章所需的素材如二维码 10-1 所示。

学习目标

❖ 掌握软件整体功能的使用。
❖ 了解 Premiere Pro 2020 的常用设计领域。
❖ 掌握 Premiere Pro 2020 在视频编辑中的使用技巧。

二维码 10-1
第 10 章素材

思政元素

❖ 培养学生从实际应用出发进行全局设计能力。
❖ 培养学生欣赏美和创造美的能力。

课程思政

　　整体是由部分组成，部分离不开整体。必须处理好局部细节，才能使整体功能得到最大发挥。因此在强调局部要服从整体的前提下，必须十分重视局部的作用。

10.1　制作视频"好客山东"

　　运用视频剪辑、文字添加、视频过渡、视频特效、关键帧添加及设置完成"好客山东"视频制作，效果如二维码10-2所示。

　　（1）启动Premiere Pro 2020，新建项目，名称为"好客山东"。

　　（2）执行菜单栏"文件→导入"命令，弹出"导入"对话框，选择素材文件夹中所有素材，导入"项目"面板中。

　　（3）在"项目"面板创建序列01，选择"DV-PAL制式标准48kHz"，可用预设。

　　（4）在"项目"面板中将"山东.jpg"拖至"时间轴"面板V1视频轨道初始位置，将其设置为"缩放为帧大小"。

　　（5）在"工具"面板中选择"文字工具"，在"节目"面板适当的位置单击并输入文字"好客山东"，在"效果控件"面板中将其设置为STZhongsong，红色，黄色描边，描边宽度为5。

　　（6）在"效果控件"面板中，将时间指针定位至"00:00:00:00"位置，添加"位置""缩放"和"旋转"关键帧，设置"位置"值为(340，280)，"缩放"值为0，"旋转"值为0。将时间指针定位至"00:00:02:00"位置，添加第二个"缩放"和"旋转"关键帧，设置"缩放"值为140，"旋转"值为360。将时间指针定位至"00:00:04:00"位置，添加第三个"缩放"和"旋转"关键帧，设置"缩放"值为100，"旋转"值为0，如图10-1所示，最终动画效果如图10-2所示。

图10-1　"好客山东"关键帧设置

图10-2　"好客山东"动画效果

　　（7）在"项目"面板中将"烟台.jpg"拖至"时间轴"面板V1视频轨道"山东.jpg"之后，设置素材长度为15秒，选中素材，在"效果控件"面板中，设置"缩放"为25。在"效果"面板中选择"视频过渡→3D运动→立方体旋转"过渡效果，将其拖至"时间轴"面板V1视频轨道"山东.jpg"和"烟台.jpg"之间，选择V1视频轨道过渡效果，在"效果控件"面板中设置持续时间为2秒，对齐为起点切入。

　　（8）在"项目"面板中将"苹果.jpg"拖至"时间轴"面板V2视频轨道"00:00:07:00"位置，设置其持续时间至V1视频轨道"烟台.jpg"结束时间，在"效果"面板中依次选择"视频效果→键控→颜色键"效果和"视频效果→透视→基本3D"效果，分别拖至"时间轴"面板V2视频轨道"苹果.jpg"上，在"效果控件"面板中设置颜色键的主要颜色为白色，如图 10-3 所示。

图 10-3　苹果的视频效果设置

（9）将时间指针定位至"00:00:07:00"位置，在"效果控件"面板中，添加"缩放""不透明度"和基本 3D 的"旋转"关键帧，设置"缩放"值为 0，"不透明度"值为 0，"基本 3D"的"旋转"值为 0。将时间指针定位至"00:00:09:00"位置，添加"位置""缩放""不透明度"和"基本 3D"的"旋转"关键帧，设置"位置"值为（360，288），"缩放"值为 100，"不透明度"值为 100%，"基本 3D"的"旋转"值为 360。将时间指针定位至"00:00:11:00"位置，添加"位置"和"基本 3D"的"旋转"关键帧，设置"位置"值为（132，154），"基本 3D"的"旋转"值为 720。将时间指针定位至"00:00:15:00"位置，添加"不透明度"关键帧，设置"不透明度"值为 100%。将时间指针定位至"00:00:17:00"位置，添加"不透明度"关键帧，设置"不透明度"值为 0。将时间指针定位至"00:00:19:00"位置，添加"不透明度"关键帧，设置"不透明度"值为 100%。完成的苹果动画效果如图 10-4 所示。

图 10-4　苹果动画效果

（10）在"项目"面板中将"梨.jpg"拖至"时间轴"面板 V3 视频轨道"00:00:09:00"位置，设置其持续时间至 V1 视频轨道"烟台.jpg"结束时间，在"效果"面板中依次选择"视频效果→键控→颜色键"效果和"视频效果→透视→基本 3D"效果，分别拖至"时间轴"面板 V3 视频轨道"梨.jpg"上，在"效果控件"面板中设置颜色键的主要颜色为白色。

（11）将时间指针定位至"00:00:09:00"位置，在"效果控件"面板中，添加"缩放""不透明度"和"基本 3D"的"旋转"关键帧，设置"缩放"值为 0，"不透明度"值为 0，"基本 3D"的"旋转"值为 0。将时间指针定位至"00:00:11:00"位置，添加"位置""缩放""不透明度"和"基本 3D"的"旋转"关键帧，设置"位置"值为（360，288），"缩放"值为 100，"不透明度"值为 100%，"基本 3D"的"旋转"值为 –360。将时间指针定位至"00:00:13:00"位置，添加"位置"和"基本 3D"的"旋转"关键帧，设置"位置"值为（582，154），"基本 3D"的"旋转"值为 –720。将时间指针定位至"00:00:15:00"位置，添加"不透明度"关键帧，设置"不透明度"值为100%。将时间指针定位至"00:00:17:00"位置，添加"不透明度"关键帧，设置"不透明度"值为0。将时间指针定位至"00:00:19:00"位置，添加"不透明度"关键帧，设置"不透明度"值为100%。完成的梨动画效果如图10-5所示。

图 10-5　梨动画效果

（12）在"项目"面板中将"萝卜.jpg"拖至"时间轴"面板V4视频轨道"00:00:11:00"位置，设置其持续时间至V1视频轨道"烟台.jpg"结束时间，在"效果"面板中依次选择"视频效果→键控→颜色键"效果和"视频效果→透视→基本3D"效果，分别拖至"时间轴"面板V4视频轨道"萝卜.jpg"上，在"效果控件"面板中设置颜色键的主要颜色为白色。

（13）将时间指针定位至"00:00:11:00"位置，在"效果控件"面板中，添加"缩放""不透明度"和"基本3D"的"旋转"关键帧，设置"缩放"值为0，"不透明度"值为0，"基本3D"的"旋转"值为0。将时间指针定位至"00:00:13:00"位置，添加"位置""缩放""不透明度"和"基本3D"的"旋转"关键帧，设置"位置"值为（360，288），"缩放"值为100，"不透明度"值为100%，"基本3D"的"旋转"值为360。将时间指针定位至"00:00:15:00"位置，添加"位置"和"不透明"度关键帧，设置"位置"值为（360，426），"不透明度"值为100%。将时间指针定位至"00:00:17:00"位置，添加"不透明度"关键帧，设置"不透明度"值为0。将时间指针定位至"00:00:19:00"位置，添加"不透明度"关键帧，设置"不透明度"值为100%。完成的萝卜动画效果如图10-6所示。

图 10-6　萝卜动画效果

（14）在"项目"面板中将"济南.jpg"拖至"时间轴"面板V1视频轨道"烟台.jpg"之后，设置素材持续时间至"00:00:30:00"位置。在"效果"面板中选择"视频过渡→沉浸式视频→VR色度泄漏"过渡效果，将其拖至"时间轴"面板V1视频轨道"烟台.jpg"和"济南.jpg"之间，选择V1视频轨道该过渡效果，在"效果控件"面板中设置持续时间为2秒，对齐为中心切入。

（15）在"项目"面板中将"地瓜.jpg"拖至"时间轴"面板V2视频轨道"00:00:21:00"位置，在"效果控件"面板中，添加"位置"关键帧，设置"位置"值为（-141，154），将时间指针定位至"00:00:24:00"位置，添加"位置"关键帧，设置"位置"为（860，154）。完成的地瓜动画效果如图10-7所示。

图 10-7　地瓜动画效果

（16）将"项目"面板中"啤酒.jpg""大葱.jpg""明水香米.jpg""小枣.jpg"依次拖至"时间轴"面板的 V3、V4、V5、V6 视频轨道"00:00:21:22""00:00:22:19""00:00:23:16""00:00:24:13"位置，并将地瓜的"运动"关键帧分别复制到"啤酒.jpg""大葱.jpg""明水香米.jpg""小枣.jpg"上，如图 10-8 所示。

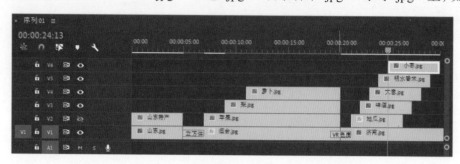

图 10-8　"时间轴"面板整体显示效果

（17）按住 Shift 键，依次选中"地瓜.jpg""啤酒.jpg""大葱.jpg""明水香米.jpg""小枣.jpg"，右击，在弹出的快捷菜单中选择"嵌套"命令，名称设置为"循环动画"。将时间指针定位至"00:00:25:10"位置，按住 Alt 键，拖动 V2 视频轨道"循环动画"到 V3 视频轨道的时间指针处完成复制。设置 V3 视频轨道上"循环动画"的结束位置与"济南.jpg"结束位置相一致。循环动画效果如图 10-9 所示。

图 10-9　循环动画效果

（18）将时间指针定位至"00:00:25:10"位置，在"工具"面板中选择"文字工具"，在"节目"面板适当位置处单击并输入文字"山东欢迎您！"，默认设置与"好客山东"的文字效果相同，其结束位置与 V1 视频轨道"济南.jpg"结束位置相一致。

（19）将"项目"面板中的"顺口溜.wav"拖至"时间轴"面板 A1 音频轨道的初始位置。

（20）"好客山东"视频制作完成，保存并导出。

10.2　制作进度条

运用通用倒计时片头、视频剪辑、文字、关键帧、视频过渡、视频特效添加及设置完成"进度条"视频制作，效果如二维码 10-3 所示。

（1）启动 Premier Pro 2020，新建项目"进度条"。

（2）执行菜单栏"文件→新建→序列"命令，新建序列 01，选择"DV-PAL 制式标准 48kHz"模式，可用预设。

二维码 10-3　"进度条"样张视频

（3）执行菜单栏"文件→导入"命令，弹出"导入"对话框，选择素材文件夹中"01.jpg 至 0.3.jpg"，导入"项目"面板中。

（4）执行菜单栏"文件→新建→通用倒计时片头"命令，弹出"新建通用倒计时片头"对话框，单击"确定"按钮，打开"通用倒计时设置"对话框，参数设置如图 10-10 所示。单击"确定"按钮，在"项目"面板生成"通用倒计时片头"视频。

（5）在"项目"面板中选择"通用倒计时片头"，将其拖至"源"面板，分别在 3 秒和 9 秒位置标记入点和出点，在"时间轴"面板将时间指针定位至初始位置，单击"插入"按钮 ，选择"时间轴"

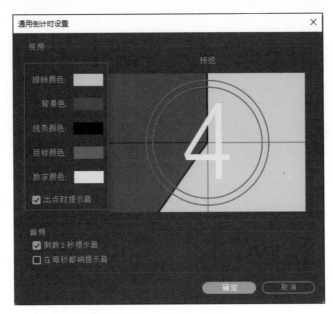

图 10-10　通用倒计时设置

面板 V1 视频轨道中"通用倒计时片头",右击,在弹出的快捷菜单中选择"速度 / 持续时间"命令,将其持续时间设置为 3 秒。

（6）在"项目"面板中选择"01.jpg 至 03.jpg",将其拖至"时间轴"面板 V1 视频轨道"00:00:03:00"位置,并设置"缩放为帧大小",持续时间均设置为 3 秒。

（7）打开"效果"面板,选择"视频过渡→ 3D 运动→翻转"效果,将其拖至 V1 视频轨道"01.jpg"结束位置;选择"视频过渡→缩放→交叉缩放"效果,将其拖至 V1 视频轨道"02.jpg"和"03.jpg"中间位置。

（8）选择"时间轴"面板 V1 视频轨道"01.jpg",将时间指针定位至"00:00:03:00"位置,添加"缩放"关键帧,设置"缩放"值为 100。将时间指针定位至"00:00:06:00"位置,在"效果控件"面板中,添加第二个"缩放"关键帧,设置"缩放"值为 135。

（9）选择"时间轴"面板 V1 视频轨道"02.jpg",将时间指针定位至"00:00:06:00"位置,在"效果控件"面板,添加"缩放"关键帧,设置"缩放"值为 100,将时间指针定位至"00:00:09:00"位置,在"效果控件"面板中,添加第二个"缩放"关键帧,设置"缩放"值为 135,效果如图 10-11 所示。

图 10-11　"02.jpg"缩放效果

（10）打开"效果"面板,选择"视频效果→颜色校正→更改颜色"效果,将其拖至"时间轴"面板 V1 视频轨道"03.jpg"上,将时间指针定位至"00:00:09:00"位置,添加"色相变换"和"饱和度变化"关键帧,设置"色相变换"值为 0,"饱和度变换"值为 0;将时间指针定位至"00:00:13:00"位置,添加第二个关键帧,设置"色相变换"值为 50,"饱和度变换"值为 20,"要更改的颜色"均吸取大海的蓝色,效果如图 10-12 所示。

图 10-12 "02.jpg" 更改颜色效果

（11）执行菜单栏"文件→新建→旧版标题"命令，弹出"新建字幕"对话框，单击"确定"按钮，弹出"字幕编辑"面板，选择"圆角矩形"工具 ⬭，在字幕工作区中绘制圆角矩形，并设置"四色渐变"填充效果，如图 10-13 所示。关闭字幕编辑面板，新建"字幕 01"自动保存到"项目"面板。

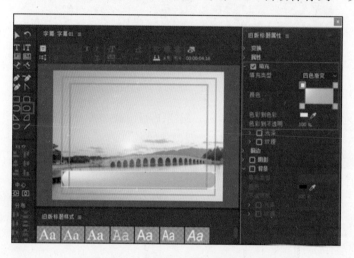

图 10-13 "字幕 01"参数设置及效果

（12）将时间指针定位至"00:00:04:00"位置，在"项目"面板选中"字幕 01"，并将其拖至"时间轴"面板 V2 视频轨道上，设置其持续时间为 8 秒，如图 10-14 所示。

图 10-14 "时间轴"面板添加"字幕 01"

（13）打开"效果"面板，选择"视频效果→变换→裁剪"特效，将其拖至"时间轴"面板 V2 视频轨道"字幕 01"上。

（14）在"效果控件"面板，单击"裁剪→右侧"前的"切换动画"按钮，添加第一个关键帧，设置"右侧"值为 94%，如图 10-15 所示，将时间指针定位至"00:00:12:00"位置，在"效果控件"面板中，添加第二个"右侧"关键帧，设置"右侧"值为 0，如图 10-16 所示。

（15）在"效果"面板选择"视频效果→过渡→百叶窗"特效，将其拖至"时间轴"面板 V2 视频轨道"字幕 01"上，在"效果控件"面板设置"过渡完成"参数为 15%，"宽度"参数为 51，效果如图 10-17 所示。

图 10-15　"字幕 01"添加第一个关键帧

图 10-16　"字幕 01"添加第二个关键帧

图 10-17　"百叶窗"参数设置及效果

（16）按 Alt 键同时拖动"时间轴"面板 V2 视频轨道中"字幕 01"至 V3 视频轨道"00:00:04:00"位置，右击 V3 视频轨道"字幕 01 复制 01"，在弹出的快捷菜单中选择"删除属性"命令，弹出"删除属性"对话框，单击"确定"按钮。

（17）在"时间轴"面板 V3 视频轨道上双击"字幕 01 复制 01"，打开"字幕编辑"面板，在"旧版标题属性"面板中设置"填充"填充类型实底，颜色白色，不透明度为 0，添加白色外描边，如图 10-18 所示。单击"关闭"按钮，"字幕 01 复制 01"设置完成。

（18）执行菜单栏"文件→新建→透明视频"命令，在"项目"面板创建"透明视频文件"并将其拖至 V4 视频轨道"00:00:04:00"位置，打开"效果"面板，选择"视频效果→视频→时间码"效果，将其拖至"时间轴"面板 V4 视频轨道"透明视频"上，在"效果控件"面板，设置"时间码→格式→帧"和"时间码→时间码源→生成"。

（19）裁剪"透明视频"长度，使其只显示 0~100 数值（此处设置结束时间为"00:00:08:01"），选择 V4 视频轨道"透明视频"，右击，在弹出的快捷菜单中选择"嵌套"命令，V4 视频轨道"透明视频"

转变为"嵌套序列01",将时间指针定位至"00:00:12:00"位置,利用工具箱中"比率拉伸工具"将"嵌套序列01"持续时间设置为8秒, 如图10-19所示。

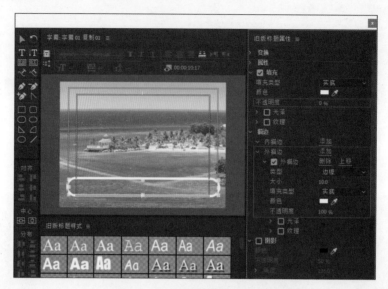

图 10-18 "旧版标题属性"设置及效果

图 10-19 "比率拉伸工具"应用

（20）将时间指针定位至"00:00:04:00"位置,利用工具箱中"文字工具"制作字幕"%",设置其持续时间为8秒,适当调整大小及位置。

（21）"进度条"视频制作完成,效果如图10-20所示,保存并导出。

图 10-20 "制作进度条"效果

10.3 制作视频"精美音乐相册"

运用视频剪辑、文字、关键帧、视频过渡、视频特效添加设置及复制完成"精美音乐相册"视频制作,效果如二维码10-4所示。

二维码 10-4 "精美音乐相册"样张视频

（1）启动 Premiere Pro 2020，新建项目，名称为"精美音乐相册"。

（2）执行菜单栏"文件→导入"命令，弹出"导入"对话框，选择"10.3"素材文件夹，在弹出的对话框中选择导入文件夹，在弹出的导入分层文件对话框中，选择"各个图层"，单击"确定"按钮。

（3）执行菜单栏"文件→新建→序列"命令，新建序列 01，选择"DV-PAL 制式，标准 48kHz"可用预设。

（4）鼠标左键长按"工具"面板中的钢笔工具，选择"椭圆工具"，在"节目"面板上绘制圆形。将圆形定位至初始位置，并设置持续时间为 3 秒。选择"效果控件"面板中的"形状（形状 01）→外观"，设置无填充，白色描边，描边宽度为 10。

（5）选择"效果控件"面板中的"形状（形状 01）→变换→位置"，设置为（360,288），选择"效果控件"面板中的"形状（形状 01）→变换→缩放"，将时间指针定位至初始位置，添加"缩放"关键帧，设置"缩放"值为 0。将时间指针定位至"00:00:03:00"位置，添加关键帧，设置"缩放"值为 300，关键帧设置及效果如图 10-21 所示。

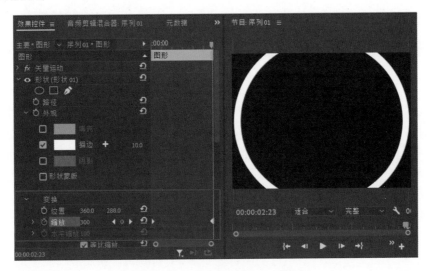

图 10-21　添加关键帧及参数设置

（6）在"时间轴"面板 V1 视频轨道上按住 Alt 键拖动"图形"复制，分别复制到 V2、V3、V4 视频轨道上，时间错位一秒，效果如图 10-22 所示。

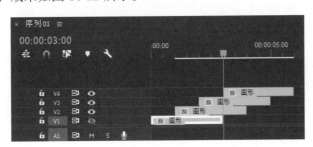

图 10-22　"图形"素材复制粘贴效果

（7）在"项目"面板创建序列 02。序列为"DV-PAL 制式，标准 48kHz"，在"项目"面板展开"10.3"文件夹，将"图层 0/ 相框 1.psd"拖至"时间轴"面板 V1 视频轨道初始位置，在"效果控件"中选择"运动→缩放"，设置"缩放"值为 40。将"图 2.jpg"拖至"时间轴"面板 V2 视频轨道初始位置。在"效果控件"面板选择"运动→缩放"，设置"缩放"值为 30。

（8）在"效果"面板中选择"视频效果→扭曲→边角定位"效果，将其拖至"时间轴"面板 V2 视频轨道"图 2.jpg"上。在"效果控件"中选择"边角定位"，在"节目"面板上即可看到 4 个边角，鼠标分别拖动 4 个边角，使图 2 完全嵌入相框中，如图 10-23 所示。

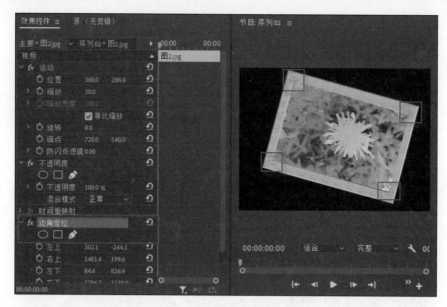

图 10-23 "边角定位"设置及效果

（9）利用相同的方法，新建序列 03，在序列 03 中将"图 3.jpg"嵌入"图层 0/ 相框 2.psd"中。

（10）在"项目"面板创建序列 04。序列为"DV-PAL 制式，标准 48kHz"，展开"10.3"文件夹，将"图 1.jpg"拖至"时间轴"面板 V1 视频轨道初始位置，设置持续时间为 11 秒。在"效果"面板中选择"视频效果→颜色校正→颜色平衡（HLS）"效果，将其拖至"时间轴"面板 V1 视频轨道"图 1.jpg"上。在"效果控件"面板中，设置颜色平衡的"饱和度"值为 40。

（11）将时间指针定位至初始位置，在"工具"面板上选择"文字工具"，在"节目"面板上输入文字"相册"，切换至"选择工具"，将文字移动到合适的位置。在"时间轴"面板 V2 视频轨道上选中文字素材，设置持续时间为 6 秒，在"效果控件"面板中设置字体为 STXingkai，填充为红色，描边为白色，描边宽度为 10，如图 10-24 所示。

图 10-24 文本参数设置及效果

（12）在"效果"面板中选择"视频过渡→擦除→时钟式擦除"效果，将其拖至"时间轴"面板 V2 视频轨道文字素材初始位置。在"效果"面板中选择"视频过渡→擦除→划出"效果，将其拖至"时间轴"面板 V2 视频轨道文字素材结束位置。

（13）将"项目"面板中的"序列 01"拖至"时间轴"面板"序列 04"V3 视频轨道初始位置，右击 V3 视频轨道中的"序列 01"，在弹出的快捷菜单中选择"速度 / 持续时间"，设置"速度"为 200%。在"效果控件"面板中设置"缩放"值为 60，"不透明度"值为 30。

（14）在"项目"面板"10.3"文件夹中，将"图 4.jpg"拖至"时间轴"面板 V3 视频轨道

"00:00:03:00"位置，并设置持续时间为3秒。在"效果"面板中选择"视频效果→键控→颜色键"效果，将其拖至"时间轴"面板V3视频轨道"图4.jpg"上。在"效果控件"面板中设置"缩放"值为8，"锚点"为（560，1650）；设置"颜色键"参数如图10-25所示。

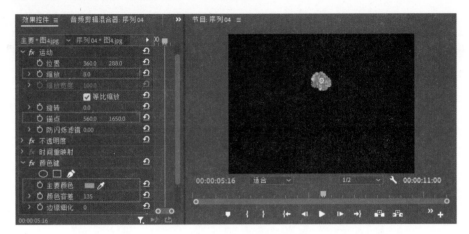

图10-25 运动及颜色键参数设置

（15）在"效果控件"面板中，将时间指针定位至"00:00:03:00"位置，添加"位置"和"旋转"关键帧，设置"位置"值为（20，250），"旋转"值为0。将时间指针定位至"00:00:04:12"的位置，添加"位置"关键帧，"位置"值为（430，400）。将时间指针定位至"00:00:06:00"位置，添加"位置"和"旋转"关键帧，设置"位置"值为（750，550），"旋转"值为2，效果如图10-26所示。

图10-26 花朵动画效果

（16）在"项目"面板中，将"序列03"拖至"时间轴"面板V2视频轨道"00:00:07:00"位置，并设置"持续时间"为4秒，将"序列02"拖至"时间轴"面板V3视频轨道"00:00:06:00"位置，设置"缩放"值为50。

（17）在"时间轴"面板中选择"序列02"，将时间指针定位至"00:00:06:00"位置，在"效果控件"面板中添加第一个"位置"关键帧，设置"位置"值为（20，288），将时间指针定位至"00:00:07:00"位置，添加第二个"位置"关键帧，设置"位置"值为（360，288），如图10-27所示。

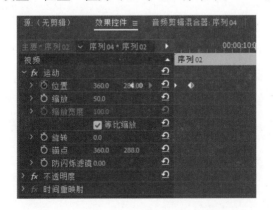

图10-27 "序列02"位置关键帧设置

（18）在"时间轴"面板中选择"序列 03"，将时间指针定位至"00:00:07:00"位置，"效果控件"面板中设置"缩放"值为 80，"旋转"值为 –30，并添加第一个"位置"关键帧，设置"位置"值为（–800，288）；将时间指针定位至"00:00:08:00"位置，添加第二个"位置"关键帧，设置"位置"值为（480，288）。

（19）将时间指针定位至"00:00:08:00"位置，添加竖排文字"春天的故事"，设置字体为STXingkai，填充为红色，适当调整大小，并在"时间轴"面板 V4 视频轨道中设置文字持续时间为 3 秒。在"效果"面板中选择"视频过渡→擦除→插入"效果，将其拖至"时间轴"面板 V4 视频轨道的文字素材开始位置，如图 10-28 所示。

图 10-28　文本效果

（20）将"项目"面板"10.3"文件夹中"1.wmv""2.wmv""3.wmv"依次拖至"时间轴"面板 V1、V2、V3 视频轨道"00:00:11:00"位置。在"效果控件"面板中，将"1.wmv""2.wmv""3.wmv"3 个素材"缩放"值均设置为 90。

（21）在"效果"面板中选择"视频效果→过渡→线性擦除"效果，将其拖至 V3 视频轨道的"3.wmv"上，在"效果控件"面板中设置参数如图 10-29 所示。

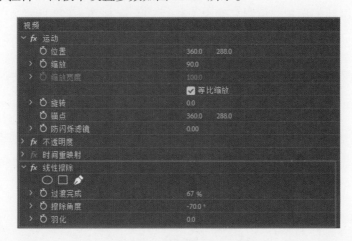

图 10-29　线性擦除参数设置

（22）复制"线性擦除"效果到"时间轴"面板 V1 视频轨道"1.wmv"上,在"效果控件"面板中修改"过渡完成"值为 67,"擦除角度"值为 110。

（23）复制"线性擦除"效果到"时间轴"面板 V2 视频轨道"2.wmv"上,在"效果控件"面板中修改"过渡完成"值为 35,"擦除角度"值为 –70,再次复制"线性擦除"效果到"时间轴"面板 V2 视频轨道"2.wmv"上,在"效果控件"面板中修改"过渡完成"值为 35,"擦除角度"值为 110,"1.wmv 至 3.wmv"添加线性擦除后效果如图 10-30 所示。

图 10-30　线性擦除参数设置及效果

（24）将"项目"面板"10.3"文件夹中"4.wmv""5.wmv""6.wmv"依次拖至"时间轴"面板 V1、V2、V3 视频轨道"00:00:16:00"位置,在"效果控件"面板中,将"4.wmv""5.wmv""6.wmv" 3 个素材"缩放"值均设置为 50。

（25）在"效果"面板中,选择"视频效果→扭曲→变换"效果,将其拖至"时间轴"面板 V3 视频轨道"6.wmv"上,在"效果控件"面板中设置参数如图 10-31 所示。

（26）复制"变换"效果到"时间轴"面板 V2 视频轨道"5.wmv"上,在"效果控件"面板中修改"位置"值为（336,376）,复制"变换"效果到"时间轴"面板 V1 视频轨道"4.wmv"上,在"效果控件"面板中修改"位置"值为（–136,461）,最终效果如图 10-32 所示。

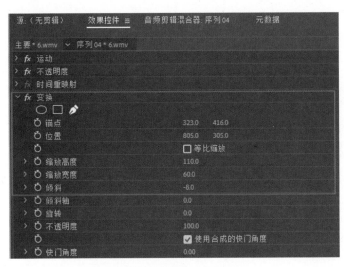

图 10-31　"变换"参数设置

图 10-32　变换效果

（27）在"时间轴"面板选择所有音频轨道中的素材,右击选择"清除"。

（28）在"项目"面板"10.3"文件夹中,将"音乐.mp3"拖至"时间轴"面板 A1 音频轨道起始位置,设置"音乐.mp3"持续时间为 21 秒。

（29）"精美音乐相册"制作完成，保存并导出。

10.4　制作视频"夏日心情"

运用视频剪辑、文字、形状工具、蒙版、关键帧、视频过渡、视频特效添加设置完成"夏日心情"视频制作，效果如二维码 10-5 所示。

（1）启动 Premiere Pro 2020，新建项目，名称为"夏日心情"。

（2）执行菜单栏"文件→导入"命令，弹出"导入"对话框，选择素材文件夹中的"01.mp4"，单击"打开"按钮，把素材导入"项目"面板中。

二维码 10-5　"夏日心情"样张视频

（3）在"项目"面板中，将"01.mp4"拖至"时间轴"面板，自动生成序列 01，保留 V1 轨道"01.mp4"前 6 秒片段。

（4）将时间指针定位至初始位置，利用"钢笔工具"在"节目"面板上依次单击，形成如图 10-33 所示图形。按住 Alt 键，当鼠标指针变为"<"时，拖动第一点和第三点，得到心形，适当调整心形位置。利用"矩形工具"在心形右侧绘制矩形，效果如图 10-34 所示。将"图形 1"持续时间设置为 6 秒。

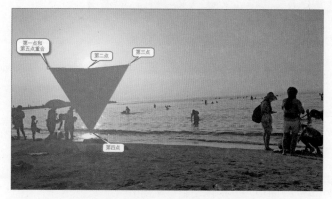

图 10-33　"钢笔工具"绘制三角形效果

图 10-34　心形及矩形效果

（5）在"效果"面板中选择"视频效果→键控→轨道遮罩键"效果，将其拖至"时间轴"面板 V1 视频轨道"01.mp4"上。打开"效果控件"面板，设置"轨道遮罩键"中的"遮罩"选项为"视频 2"，效果及参数设置如图 10-35 所示。

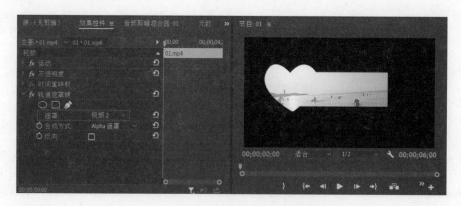

图 10-35　"轨道遮罩键"参数设置及效果

（6）将时间指针定位至初始位置，在"工具"面板上选择"文字工具"，在"节目"面板上输入文字"夏日"。设置持续时间为 6 秒，选择"时间轴"面板 V3 视频轨道中文字素材，在"效果控件"面板中设置字体为 FangSong，大小为 96，填充为蓝色，描边为黄色，描边宽度为 6，将时间指针定位至

"00:00:02:00"位置，在 V3 视频轨道继续添加文字"心情"，将其填充修改为浅蓝色（0,192,255），描边宽度修改为 13。

（7）选择 V3 视频轨道"图形"将时间指针定位至初始位置，在"效果控件"面板中"文本（夏日）→变换"组添加"位置"关键帧，使"夏日"在两秒内从屏幕外左侧移动到适当位置，利用相同方法使文字"心情"从第 2 秒开始在 3 秒内从屏幕外下方移动到适当位置，效果如图 10-36 所示。

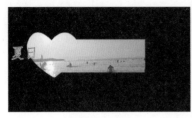

图 10-36 "夏日心情"文字效果

（8）将时间指针定位至"00:00:03:00"位置，选择"工具"面板，"矩形工具"，在"节目"面板绘制细小矩形，设置其持续时间为 3 秒，在"效果"面板中选择"视频过渡→擦除→划出"效果，将其拖至"时间轴"面板 V4 视频轨道"图形"素材初始位置，效果如图 10-37 所示。

图 10-37 矩形效果

注意 使用"文字工具"组和"钢笔工具"组时，在"时间轴"面板选择已有图形对象后利用相应工具在"节目"面板完成适当操作，则将文字或绘制的图形放置于"时间轴"面板已选的图形素材中；若在使用相关工具前，不选择"时间轴"面板中任何图形类素材，则在新轨道上生成素材。

（9）在"项目"面板中，将"02.mp4"拖至"时间轴"面板 V1 视频轨道"00:00:07:00"位置，选取任意 3 秒片段，在"效果"面板中选择"视频效果→过时→RGB 曲线"效果，将其拖至"时间轴"面板 V1 视频轨道"02.mp4"上，参数设置及效果如图 10-38 所示。

图 10-38 "RGB 曲线"参数设置及效果

（10）在"效果"面板中选择"视频过渡→内滑→拆分"效果，将其拖至"时间轴"面板 V1 视频轨道 "02.mp4"素材初始位置，持续时间为 2 秒，拆分效果为上下拆分。

（11）将时间指针定位至"00:00:07:00"位置，在"工具"面板上选择"文字工具"，在"节目"面板上输入文字"summer"，设置持续时间为 3 秒，在"时间轴"面板 V2 视频轨道上选中"summer"，在"效果控件"面板中设置字体大小为 52，填充及描边颜色自选，描边宽度为 5，适当添加"位置"关键帧，使"summer"文字形成位置动画。在"效果"面板中选择"视频过渡→擦除→划出"效果，将其拖至"时间轴"面板 V2 视频轨道"summer"文字开始位置。

（12）在"源"面板中，选取"02.mp4"任意 4 秒片段，将其插入至"时间轴"面板 V1 视频轨道 "00:00:10:00"位置，在"效果"面板中选择"视频效果→生成→棋盘"效果，将其拖至"时间轴"面板 V1 视频轨道该视频片段，参数设置及效果如图 10-39 所示。

图 10-39　"棋盘"参数设置及效果

（13）在"效果"面板中选择"视频过渡→沉浸式视频→VR 漏光"效果，将其拖至"时间轴"面板 V1 视频轨道该视频片段初始位置，参数设置及效果如图 10-40 所示。

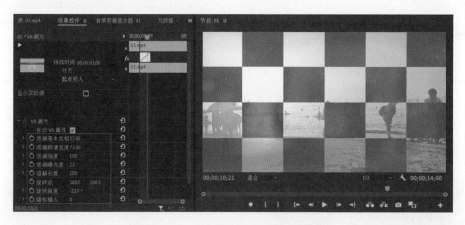

图 10-40　"VR 漏光"参数设置及效果

（14）在"效果"面板中选择"视频过渡→擦除→水波块"效果，将其拖至"时间轴"面板 V1 视频轨道该视频片段结束位置。

（15）在"源"面板中，选取"01.mp4"任意 4 秒片段，将其插入至"时间轴"面板 V2 视频轨道 "00:00:14:00"位置，在"效果"面板中选择"视频过渡→擦除→螺旋框"效果，将其拖至"时间轴"面板 V2 视频轨道该视频片段初始位置，在"效果"面板中选择"视频效果→生成→渐变"效果，将其拖至"时间轴"面板 V2 视频轨道该视频片段。在"效果控件"面板设置相关参数，并在 15 秒处添加"蒙版路径"关键帧，在画面最左侧绘制矩形蒙版，"起始颜色"设置为 0EF8EA，"结束颜色"设置为 F37200，其他参数设置及效果如图 10-41 所示。在 18 秒处添加"蒙版路径"关键帧，使蒙版充满屏幕，16 秒及 18 秒效果如图 10-42 所示。

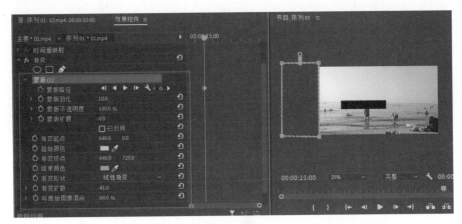

图 10-41 "渐变"参数设置及 15 秒效果

图 10-42 16 秒及 18 秒效果

（16）在"项目"面板中，将"03.mp4"拖至"时间轴"面板 V1 视频轨道"00:00:18:00"位置，将"1.jpg"拖至"时间轴"面板 V3 视频轨道"00:00:18:00"位置，持续时间设置为 4 秒，在"效果控件"面板设置"缩放"值为 26。在"效果"面板中选择"视频效果→变换→裁剪"效果，将其拖至"时间轴"面板 V3 视频轨道"1.jpg"上，在"效果控件"面板中单击"自由绘制贝塞尔曲线"按钮绘制蒙版，参数设置及效果如图 10-43 所示。

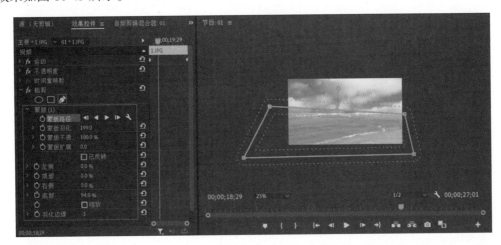

图 10-43 "裁剪"参数及效果

（17）在"效果"面板中选择"视频过渡→擦除→划出"效果，将其拖至"时间轴"面板 V3 视频轨道"1.jpg"初始位置，划出方向为自北向南。在"效果"面板中选择"视频效果→生成→油漆桶"效果，将其拖至"时间轴"面板 V1 视频轨道"03.mp4"，将时间指针定位至"00:00:18:00"位置，在"效果控件"面板添加第一个"容差"关键帧，参数设置如图 10-44 所示，将时间指针定位至"00:00:20:14"位置，在"效果控件"面板添加第二个"容差"关键帧，"容差"值为 100，效果变化如图 10-45 所示。

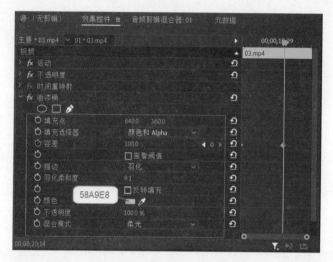

图 10-44　"油漆桶"参数设置

图 10-45　"03.mp4"动画效果

（18）在"源"面板中，选取"04.mp4"任意 5 秒片段，将其插入至"时间轴"面板 V1 视频轨道"00:00:22:00"位置，执行菜单栏"文件→新建→序列"命令，新建序列 02，选择"DV-PAL 制式，标准48kHz"可用预设。

（19）选择"工具"面板中的"矩形工具"，在序列 02"节目"面板中绘制矩形，设置其持续时间为 5 秒，参数设置及效果如图 10-46 所示。复制 V1 视频轨道该图形，利用"工具"面板"选择工具"将复制后的矩形移动到合适位置，效果如图 10-47 所示。

图 10-46　矩形参数设置及效果

（20）选择 V1 视频轨道"图形"将时间指针定位至初始位置，选择"节目"面板左侧矩形，打开"效果控件"面板，选择下方"形状（形状 01）→变换→位置"添加"位置"关键帧，设置"位置"值为（180，270）。将时间指针定位至"00:00:05:00"位置，添加第 2 个"位置"关键帧，设置"位置"值为

（180，-220）。选择"节目"面板右侧矩形，将时间指针定位至初始位置，打开"效果控件"面板，选择上方"形状（形状01）→变换→位置"添加"位置"关键帧，设置"位置"值为（539，270）。将时间指针定位至"00:00:05:00"位置，添加第2个"位置"关键帧，设置"位置"值为（539，760），运动效果如图10-48所示。

图10-47　"序列02"效果

图10-48　矩形运动效果

（21）在"时间轴"面板左上角选择"01"，在"项目"面板中选择"序列02"，将其拖至"时间轴"面板V2视频轨道"00:00:22:00"位置，在"效果"面板中选择"视频效果→键控→轨道遮罩键"效果，将其拖至"时间轴"面板V1视频轨道"01.mp4"上。打开"效果控件"面板，设置"轨道遮罩键"中的"遮罩"为"视频2"。

（22）在"效果"面板中选择"视频效果→颜色校正→颜色平衡（HLS）"效果，将其拖至"时间轴"面板V1视频轨道"04.mp4"上。在"节目"面板中，绘制左侧蒙版，在"效果控件"面板设置颜色平衡的"色相"值为-34，"饱和度"值为23，参数设置及效果如图10-49所示。

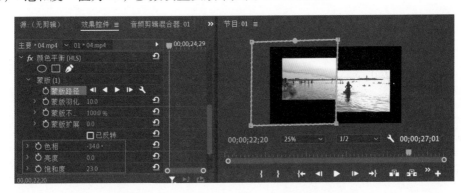

图10-49　"颜色平衡（HLS）"参数设置及效果1

（23）再次将"颜色平衡（HLS）"效果拖至"04.mp4"，在"节目"面板绘制右侧蒙版，在"效果控件"面板设置颜色平衡的"色相"值为54，"饱和度"值为25，参数设置及效果如图 10-50 所示。

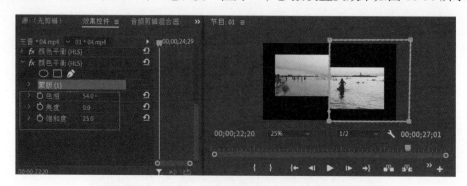

图 10-50 "颜色平衡（HLS）"参数设置及效果 2

（24）删除所有音频轨道内容，在"项目"面板中，将"背景音乐.mp3"拖至"时间轴"面板 A1 音频轨道初始位置。

（25）在"效果"面板中选择"音频效果→时间与变调→音量"效果，将其拖至"时间轴"面板 A1 音频轨道"背景音乐.mp4"上。在"效果控件"面板"音量"组设置"级别"关键帧，分别在时间指针"00:00:00:00""00:00:10:00""00:00:20:00"和"00:00:27:00"上设置，"级别"值分别为 -100、0、0、和 -100。"时间轴"面板最终效果如图 10-51 所示。

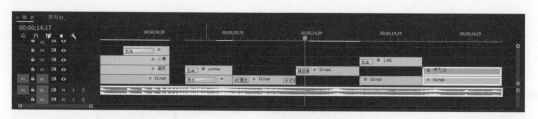

图 10-51 "时间轴"面板最终效果

（26）"夏日心情"视频制作完成，保存并导出。

参 考 文 献

[1] 沈中禹，王敏．Premiere 项目实践教程 [M].2 版．大连：大连理工大学出版社，2021.

[2] 李丹．视频文件处理技术 [M]．北京：北京理工大学出版社，2020.

[3] 桑学峰，卢锋．中文版 Premiere Pro CC 2018 视频编辑实例教程 [M]．北京：清华大学出版社，2019.

[4] 王海花．数字影音后期制作——Adobe Premiere Pro CC [M]．北京：高等教育出版社，2022.

[5] 古城，刘焰．Premiere Pro CC 实例教程（全彩版）[M]．北京：人民邮电出版社，2015.